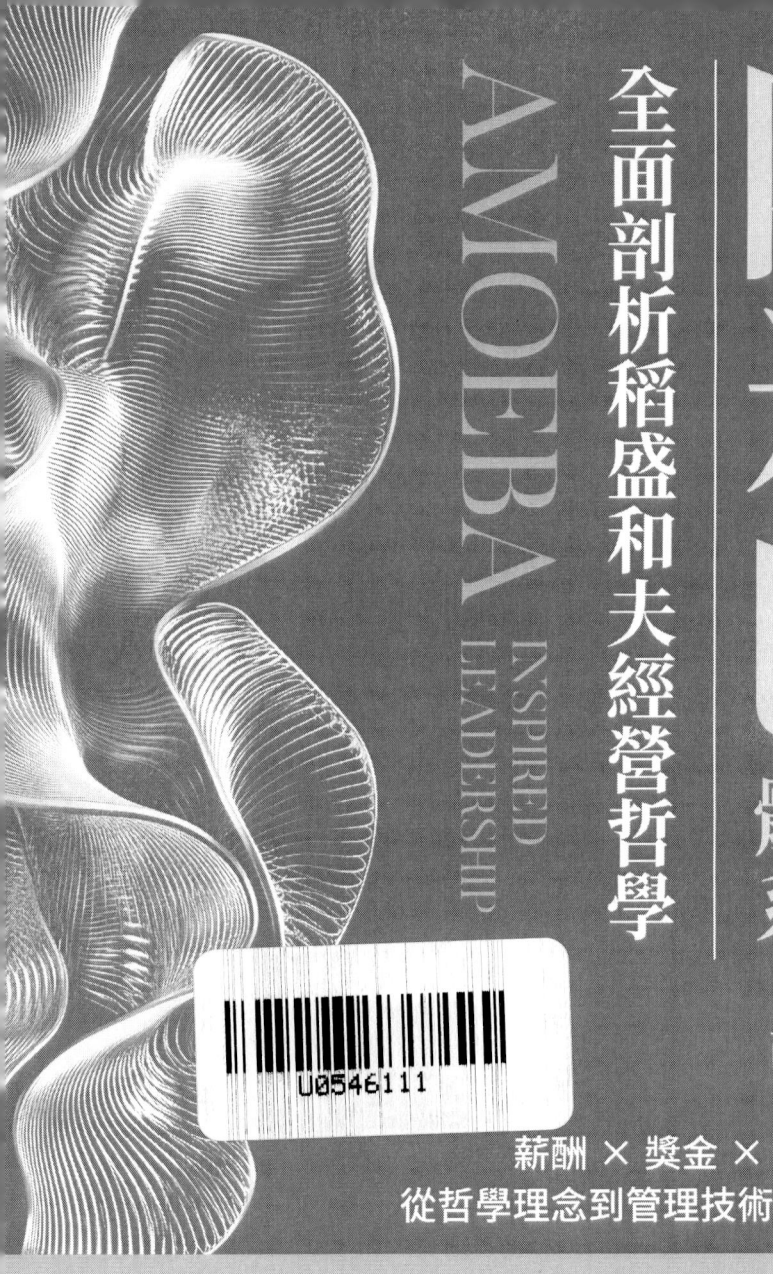

阿米巴激勵體系

全面剖析稻盛和夫經營哲學

AMOEBA INSPIRED LEADERSHIP

胡八一 著

薪酬 × 獎金 × 股權全解析
從哲學理念到管理技術的全面進化

分、算、獎三字訣　　釋放組織活力，激發全員經營熱情

打造幸福企業！在競爭激烈的市場環境中
實現企業價值成長與員工幸福感提升的雙贏局面

目錄

序言 005

前言 009

第一章　阿米巴激勵機制的構建與設計　011

第二章　阿米巴薪酬策略的創新實踐　053

第三章　阿米巴獎金激勵體系　095

第四章　阿米巴股權激勵的策略意義　127

第五章　阿米巴人才團隊的培育與發展　143

第六章　阿米巴合夥制激勵模式　171

目錄

第七章　合夥制的實施策略　　　　　185

第八章　合夥制五大機制的建構　　　219

第九章　合夥制的進階與最佳化　　　237

序言

阿米巴經營模式是什麼？

阿米巴是一種單細胞微生物,牠能自身不斷分裂複製,且為了適應外在條件而變形。稻盛和夫據其兩個特點,結合松下電器事業部制,創立阿米巴經營模式。

所謂阿米巴經營模式,簡而言之,即把公司分成多個自主經營組織(即阿米巴),每個經營組織均須獨立核算、承擔盈虧;抱持利他雙贏理念,鼓勵員工增加收入、降低費用;最後利益共享,共創幸福企業。

三字以蔽之:分、算、獎!

阿米巴經營模式有何成果見證?

1978年後,市間自覺學習日本管理模式、美國管理模式,諸如全面品質管理、精實生產、整合行銷傳播、波特競爭策略等,卻也只是片段而非整體。

唯有阿米巴經營模式,上自經營哲學、中到組織設計技術、下抵日常表格操作,事及全員,而非某些職能部門,於是持續產生成果。

序言

先是稻盛和夫業績可嘆，如今世界耳熟能詳：

- 自創京瓷，伊始維艱，人數不過半百、廠房不過三間，用阿米巴經營模式後，業績持續成長，榮登世界前500大！
- 組建日本KDDI，整合多方人才資金，用阿米巴經營模式後，打破壟斷、衝出重圍，業務從零開始，再攀世界前500大！
- 日本航空鉅額虧損，瀕臨倒閉，鳩山首相三顧茅廬、稻盛和夫八十高齡下山，用阿米巴經營模式後，一年轉虧為盈，反超同行！

阿米巴經營模式為何能夠產生極高收益？

首先，阿米巴經營模式符合人性。

它從人性方面思考，形成經營哲學，正確引導經營方法，而非捨本逐末，以為某種管理方法即是「絕招」。

以下三個問題的答案，即從人性角度思考得出，而非管理學科。

- 為何只有老闆關切經營利潤，然而員工卻只關心做事本身？

因為我的工作離利潤太遠，無法關注！

- 為何部門之間總愛爭論推諉，最終只有老闆才能協調解決？

因為他們互是同事關係，而非買賣關係！

◆ 為何員工總是覺得薪資不夠滿意，卻把原因歸為老闆小氣？

因為薪資是老闆給的，不是他們買賣賺來的！

其次，阿米巴經營模式能夠滿足時代需求。

當下員工多數不為生存安全而去工作，他們需要的是人格尊重、精神自由，滿足這種心理需求之舉，莫過於「我有地盤，我能作主」！好吧！給你一個阿米巴，讓你作主！

「網路」已讓千萬「草根」創業成功；政府鼓勵創業、津貼也層出不窮，誰不曾蠢蠢欲動？老闆若不滿足員工創業衝動，員工必將外出創業。好吧！給你一個阿米巴，讓你去創業！

最後，阿米巴經營模式提供了技術保障。

好心未必做成好事，皆因方法不對；慈悲未必修得善果，全是智慧不足。一味符合人性、一味滿足員工，當然也就未必成功。

勵志大師鼓譟成功，可是從來不曾給出成功的邏輯、成功的階梯，以為充滿熱情，便可成功。結果弟子除了再去鼓譟，別無他法！

阿米巴經營模式則不然，包含如何分類阿米巴，如何內部定價，如何建立內部交易規則，如何核算收入、成本，如何分析阿米巴盈虧，如何改善不良，如何分享收益……唯一

序言

所剩，就是你的行動！

阿米巴經營模式是否適合我們的企業？

古今中外之人，雖有認知差異，從而形成文化差異、觀念差異，然而人心、人性無異！

管仲新政，故有齊桓九合諸侯，無非分、算、獎。

商鞅變法，故有大秦一統天下，無非分、算、獎。

明治維新，故有日本趕超亞歐，無非分、算、獎。

對應前面所述三個人性問題，解決方案，無非分、算、獎！

故此，這個問題不是問題！

阿米巴經營模式如何應用在他國企業？

稻盛和夫數次宣傳理念；成立機構若干，誦讀精進。然而理念如不加以技術應用，則是空談！

我們敬重稻盛和夫，但非膜拜；我們學習阿米巴，但非照抄！

書中內容，乃是一家之言，供您參考、探討。

願您成功！

是為序。

胡八一

前言

我們應用的阿米巴，不但強調建立全員共同的願景，更強調透過一系列的機制來保證願景實現的可能。

企業必須透過機制來讓組織產生持續的活力。

阿米巴團隊激勵，主要是解決幹部和員工的驅動力問題，從而釋放組織活力。

阿米巴組織劃分，解決責任和授權問題；阿米巴經營會計能透視經營狀況，反映組織執行績效；阿米巴團隊激勵，則把短期、長期受益和物質、精神獎勵作為激勵方式，讓員工為自己工作，釋放個人「願」力，激發組織活力，提高各個職能區塊的組織效能。

企業機制設計是一門藝術，需要研究原理，推演與企業相配的方案。本模組涉及的專業知識相當多，企業決策人只需了解相關原理即可，具體方案可由人力資源部門完成。

前言

第一章
阿米巴激勵機制的構建與設計

　　阿米巴激勵機制一旦形成,就會內在地作用於組織系統本身,使組織機能處於一定的狀態,並進一步影響組織的生存和發展。

　　多種激勵機制並存,提升員工滿意度。設計阿米巴激勵機制,主要採用薪酬、獎金和股權三大方式,必須把三者結合起來(見圖1-1)。

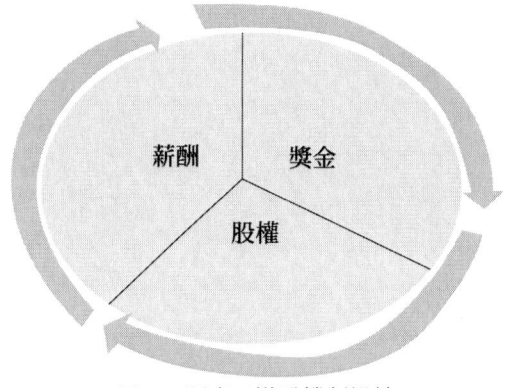

圖1-1 阿米巴激勵機制設計

第一章　阿米巴激勵機制的構建與設計

▍本章目標

① 了解：阿米巴激勵機制。

② 理解：阿米巴激勵原則和形式。

③ 理解：阿米巴激勵目的與組織職責。

④ 掌握：阿米巴經營體激勵機制。

⑤ 掌握：阿米巴激勵規則。

⑥ 掌握：巴長激勵和團隊激勵操作要點。

⑦ 操作：設計阿米巴激勵分配方案。

▍形成成果

利潤考核目標設定。

第一節
阿米巴激勵機制的概要核心

一、阿米巴激勵的含義

　　阿米巴激勵機制，是指企業創造、提供滿足員工各種需求的條件，以實現企業組織行為的特定目標為前提，透過物質和精神方式來激發和鼓勵員工的生產積極性和創造性的功能。

　　阿米巴激勵機制是對實施阿米巴經營模式的經營或平臺單位以及單位經營者或管理者實施以超額利潤分享、費用節約獎勵為核心的激勵機制。

　　公平、具有競爭力的阿米巴激勵體系是實施阿米巴經營模式的基本保障。合理的激勵體系可使企業吸引來優秀的員工，鼓勵員工積極工作，提高技能，從而提升企業效率，贏得競爭優勢。

　　在阿米巴激勵機制作用下，組織不斷發展壯大，不斷成長。本書稱這樣的激勵機制為良好的激勵機制。激勵機制對員工行為的助長作用給管理者的啟示是：管理者應能夠找準員工的真正需求，並將滿足員工需求的措施與組織目標的實現有效地結合起來。

優秀的激勵體系依據公司的各方面，營造出一個激動人心的阿米巴經營環境。

二、阿米巴激勵與傳統獎勵設計的區別

阿米巴激勵與傳統獎勵設計的區別，主要表現在激勵對象的差別上：傳統獎勵主要是針對個人，而阿米巴激勵的對象是團隊。激勵導向方面，傳統獎勵是綜合導向，而阿米巴激勵是利潤導向。在分配許可權上，傳統獎勵是由總經理和人力資源部門決策和執行，而阿米巴激勵的分配許可權歸屬各級巴長。具體見表 1-1。

> 思考：阿米巴激勵與傳統獎勵，你認為哪一種激勵方式更適合公司？

表 1-1　阿米巴激勵與傳統獎勵的區別

類別	傳統獎勵	阿米巴激勵
獎勵對象	個人	團隊
激勵導向	綜合導向	利潤導向
分配許可權	總經理、人力資源	各級巴長

第一節　阿米巴激勵機制的概要核心

三、阿米巴激勵機制的執行模式

阿米巴激勵機制執行的過程就是激勵主體與激勵客體之間互動的過程，也就是激勵工作的過程。圖1-2是一個基於雙向資訊交流的全過程的激勵執行模式。

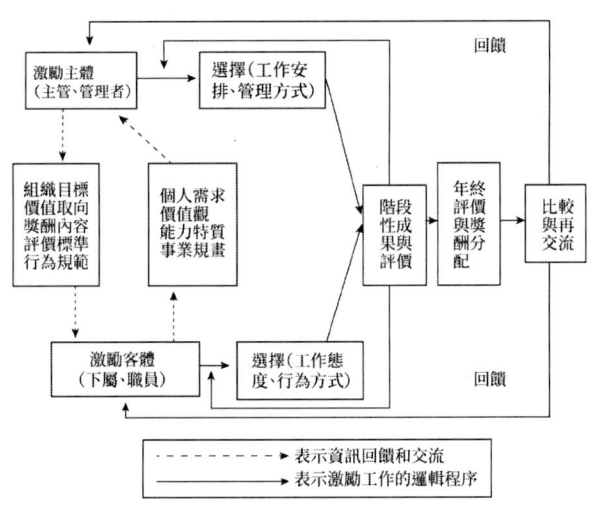

圖1-2 阿米巴激勵機制的執行模式

阿米巴激勵機制執行模式，是從員工進入工作狀態之前開始的，貫穿於實現組織目標的全過程，故又稱為阿米巴全過程激勵模式。

這一激勵模式應用於阿米巴經營管理實踐中，可分為五個步驟，其工作內容分別如下：

第一，雙向交流。這一步的任務是使阿米巴巴長了解員

第一章　阿米巴激勵機制的構建與設計

工的個人需求、事業規劃、能力和特質等，同時向員工闡明阿米巴組織的目標、組織所倡導的價值觀、組織的獎酬內容、績效考核標準和行為規範等；而員工則要把自己的能力和特長、個人的各方面要求和打算恰如其分地表達出來，同時要把組織對自己的各方面要求了解清楚。

第二，各自選擇行為。透過前一步的雙向交流，阿米巴巴長將根據員工個人的特長、能力、特質和工作意向替他們安排適當的職位，提出適當的努力目標和考核辦法，採取適當的管理方式並付諸行動；而員工則採取適當的工作態度、行為方式和努力程度開始工作。

第三，階段性評價。階段性評價是對員工已經獲得的階段性成果和工作進展及時進行評判，以便阿米巴巴長和員工雙方再做適應性調整。這種階段性評價要選擇適當的評價週期，可根據員工具體的工作任務確定為一週、一個月、一季或半年等。

第四，年終評價與獎酬分配。這一步的工作是在年終進行的，員工要配合阿米巴巴長對自己的工作成績進行評價，並據此獲得組織的獎酬資源。同時，阿米巴巴長要善於聽取員工對自己工作的評價。

第五，比較與再交流。在這一步，員工將把自己從工作過程和任務完成後所獲得的獎酬與其他人進行比較，以及與

第一節　阿米巴激勵機制的概要核心

自己的過去相比較，看一看自己從工作中所得到的獎酬是否滿意，是否公平。透過比較，若員工覺得滿意，將繼續留在原阿米巴組織工作；如不滿意，可再與阿米巴巴長進行建設性磋商，以達成一致意見。若雙方不能達成一致意見，契約關係將中斷。

阿米巴全過程激勵模式突出了資訊交流的作用，劃分了激勵工作的邏輯步驟，可操作性強。

第一章　阿米巴激勵機制的構建與設計

第二節
阿米巴激勵原則與形式探索

一、激勵機制設計的原則

阿米巴經營的成敗與激勵機制往往密不可分。阿米巴激勵機制將最大限度地激發員工的工作動機和工作積極性。阿米巴組織應根據自身的特點，採取有效措施推進並不斷完善物質激勵與精神激勵相結合的機制，即實行人才動態管理，活化阿米巴用人機制；建立靈活的分配激勵機制、科學的考核激勵機制與人才培養的激勵機制；引入競爭淘汰機制。從而形成一個多層次的長效的各類激勵政策、措施能夠有系統地結合在一起的有效激勵機制，使其在企業的發展中發揮更大的作用。

根據某管理顧問公司阿米巴經營管理諮詢實踐，實施阿米巴激勵，應堅持以下原則：

1. 效率優先與兼顧公平原則

阿米巴經營模式以提升經營效率為核心，鼓勵不斷挑戰與超越；同時須充分考慮不同項目、收入切割不準確，內部賠償或不公平等客觀情況，可由第一級巴長進行適當調整，以表現公平原則；各級團隊的公平性調整許可權均限定為第一級巴長。

2. 激勵與約束相結合原則

將員工所得與集團整體利益緊密連繫,將員工獎勵與績效緊密連繫,將員工激勵薪酬與經營的穩定性緊密連繫。

3. 市場導向與業績導向原則

激勵方案充分參考市場慣例,保持一定的市場競爭力,同時被激勵對象的獎金額度不僅與超額利潤相關,而且與其績效成長指標緊密相連。

4. 多勞多得與優勞優得原則

超額利潤激勵呈現員工為實現超額利潤付出的努力,多勞者多得;同時呈現員工對集團的策略實施和效率提升的貢獻,貢獻大者多得。

5. 成本與效益相搭配原則

在激勵員工不斷進取,展現多付出多回報的同時,也需要按照成本效益相搭配的原則,符合公司財務支付能力的現狀要求。

6. 整體與局部利益平衡原則

在進行激勵時,既要考慮整個集團獲利成長性,也要考慮事業部與個人的獲利成長性,從而形成整體與局部利益平衡、集體與個人利益平衡。

7. 長期與短期利益平衡原則

本著所有經營體實現永續性發展的原則，激勵機制須充分考慮巴長的任期、層級不同等因素而設計按時間階段進行分配的機制，以保持對巴長長期的激勵性。

完善薪酬結構激勵的長期性對留住員工來說意義重大。無論是阿米巴巴長還是普通員工，都應該被作為激勵的對象。激勵的方式可以根據實際情況多樣化。例如對有突出貢獻的技術人員和管理人員可以實行股票期權制，這就是一種長期激勵的方式。在薪酬制度方面，企業要注意完善薪酬結構。完整的薪酬結構包括薪資結構、獎金結構、福利待遇和激勵制度。在福利待遇上，企業可以根據具體情況有所創新。對員工現實業績與未來業績的不同激勵方式的對比如圖 1-3 所示。

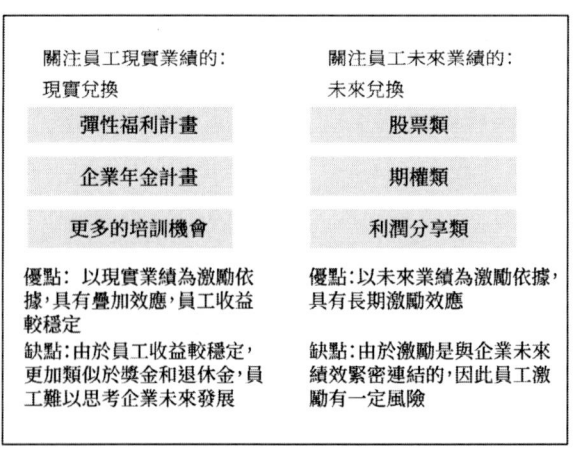

圖 1-3 激勵方式對比

8. 風險共擔原則

由於激勵採用管理會計原則進行核算，進行獎金核算與兌現時，既要呈現現時管理需求，又要呈現驗收回款的潛在風險，這就需要集團與事業部共同承擔未來的潛在風險。

> 思考：你對阿米巴激勵原則的理解是什麼？

二、企業常用的激勵形式

1. 股權激勵

股權激勵是對員工進行長期激勵的一種方法，屬於期權激勵的範疇。股權激勵是企業為了激勵和留住核心人才而推行的一種長期激勵機制。有條件地給予激勵對象部分股東權益，使其與企業結成利益共同體，從而實現企業的長期目標。具體的阿米巴股權激勵方法，本書將在第四章詳細講解。

> 思考：阿米巴經營為什麼要推行股權激勵？你是否有進行股權激勵的打算？

第一章 阿米巴激勵機制的構建與設計

2. 物質激勵

物質激勵主要透過物質刺激的方式，鼓勵員工工作，其主要形式包括薪資、獎金、津貼等。

> 思考：你公司的物質激勵有哪些？
> 還有哪些待改進之處？

3. 目標激勵

組織目標是透過各個群體以及個體的共同努力來實現的，目標具有引發、導向、激勵的作用。阿米巴巴長可以將組織的總目標按階段分解成若干個子目標，以此達到帶動員工工作積極性的目的。

> 思考：如何進行目標激勵，才能發揮最佳效果？

4. 信任激勵

阿米巴經營模式倡導「人人成為經營者」，阿米巴管理者只有信任每一位員工，幫助其樹立自信心，才能最大限度地發揮其積極性和創造性，提升其績效水準。信任激勵是最持久、最「廉價」和最深刻的激勵方式之一。

> 思考：阿米巴經營為什麼需要信任激勵？

5. 獎罰激勵

阿米巴經營模式是全員經營、獨立核算，透過獎罰激勵，既可激勵員工以飽滿的精神狀態投入工作，又可督促員工遵循經營管理規則。

> 思考：在你的公司中，如何對員工進行獎勵？懲罰措施都有哪些？可取之處是什麼，有待改善之處是什麼？

6. 競爭激勵

阿米巴經營模式的重要目標是「人人成為經營者」，企業在追求利益的同時也重視員工的幸福感，培養有經營意識的人才，帶動員工的積極性。阿米巴是全員參與經營的，它離不開相應的激勵機制。而阿米巴組織劃分就是為員工提供機會，讓員工能從經營者的立場出發，為經營好阿米巴組織而謀劃。這需要企業給予一定的支持和權力，才能讓員工感到被重視，與企業站在同一戰線一起成長，從而在阿米巴之間

形成良性的競爭。

競爭激勵是阿米巴鼓勵進步、鞭策平庸、淘汰落後的關鍵環節。管理者合理地運用競爭激勵機制，讓具有成就需求的人全心投入工作，並在競爭中獲得成就感，將有利於阿米巴的創新和快速發展。

第三節
阿米巴激勵機制的目標與責任

阿米巴激勵的目的，主要是完善與阿米巴經營模式變革相適應的激勵分配機制，規範企業內部各阿米巴業務單位與平臺單位的激勵行為，充分發揮各經營單位的經營能力與創造性，不斷提升公司整體業績與各業務單位業績，建立基於價值創造的以超額利潤分享為核心的激勵機制，將員工激勵與集團、阿米巴經營效益結合起來，從而最終實現集團公司的永續發展。

一、阿米巴激勵的實施原則

阿米巴激勵的實施原則，主要有如下幾點內容：

① 指標體系多元度平衡原則：經營指標和非經營指標的平衡，短期業績指標和長期發展性指標的平衡。
② 增量分享原則：對超出年度經營指標之外的增量業績部分給予獎勵。
③ 超額分段累進計提原則：對增量業績部分分段進行超額分享獎勵。

第一章　阿米巴激勵機制的構建與設計

二、阿米巴激勵的實施導向

1. 以經營目標完成為獎勵基礎，以目標超額完成分享獎勵為主導

阿米巴獎金，以完成集團公司下達的經營淨利潤目標為獎勵基礎；利潤目標超額完成部分加大分享比例，以引導各級阿米巴努力做大增量；職能部門獎金關聯整體阿米巴獎金。

2. 增量分享分段累進計提

增量分享部分根據經營目標實際超額區間分段累進計提。

3. 第二次分配權力

阿米巴獎金第二次分配方案，在集團公司原則指導下按照本機制規定由阿米巴自行決定，但須上報阿米巴領導小組稽核同意後執行，同時抄送集團人力資源中心備案。

第三級阿米巴巴長獎金按季度當期發放，第二級巴長和第一級巴長獎金實行延期支付方式。

三、組織與職責

集團公司董事會負責制定與修訂阿米巴激勵制度。

集團公司總經理負責審批事業部或平臺激勵方案，對事

第三節　阿米巴激勵機制的目標與責任

業部激勵方案的調整進行審批決策。

集團財務管理中心：確認各業務單位外部收入資料，確定審批各經營單位的經營淨利潤額、驗收單回單率、獎金發放比例等。確認各平臺單位的預算費用、預算完成等資料，並對利潤額、應發獎金資料負責。

集團人力資源中心：負責組織擬定集團阿米巴激勵機制規範，組織監督落實，對各單位激勵人員資格進行覆核，確認符合公司人力資源相關政策，對「試、事、病、轉」的時間進行覆核，並負責組織擬定年度事業部激勵方案、平臺部門激勵方案。

集團企管資訊中心：負責對各阿米巴團隊激勵方案存在爭議時進行調查、考核，組織仲裁，該仲裁結果對各方均具有約束力。

各級阿米巴巴長：負責組織擬定本巴團隊激勵方案，由第一級巴長組織審批本巴第二級及以下各巴激勵方案。

四、阿米巴激勵的管理流程

第一，集團財務管理中心組織擬定各阿米巴與平臺單位激勵方案並測算確定總獎金金額、事業部獎金金額、風險基金比例、應發獎金比例、第一級巴長獎金金額等，完成後形成年度激勵執行方案上報總經理、董事長組織審批。

第二,各巴長須組織擬定本巴的團隊激勵方案,報人力資源中心覆核人員資格、企管資訊中心覆核方案合規性後,由第一級巴長審批報財務管理中心、企管資訊中心、集團總經理備案執行。

第三,對激勵方案以及經營報表中的資料,可由審計部不定時進行過程或結果審計,如有資料誤差,最後以審計部確認的資料為準。

▋操作

設計阿米巴激勵的管理流程圖。

第四節
阿米巴經營體的激勵實施方案

集團公司對阿米巴激勵採用目標利潤法,其計算公式如下:

阿米巴激勵獎金＝目標達成獎金＋超額激勵獎金

一、目標達成獎金

目標達成獎金,是指阿米巴完成利潤目標獲得的激勵獎金。

(1)計算公式:

目標達成獎金＝×利潤目標完成百分比

(2)目標設定:集團根據各阿米巴發展階段、各阿米巴面臨的市場競爭等將集團以下各阿米巴分成四類,每個類別阿米巴按照表 1-2 中的目標每年執行新的利潤目標。

■ 操作

具體分類與目標設定見表 1-2:

表 1-2 阿米巴分類與目標

阿米巴類別	淨利潤成長目標 /%			
	5	10	20	30
A 類阿米巴				
B 類阿米巴				
C 類阿米巴				

注：

A 類阿米巴：公司主業阿米巴，發展趨勢穩定，行業發展處於平穩期。

B 類阿米巴：公司重要阿米巴，已發展多年，行業發展較為成熟，但由於規模不大，仍存在一定發展空間。

C 類阿米巴：公司新興阿米巴，起步晚，已有一定營收規模，但面對較大市場、行業仍有較大發展空間。

(3) 目標獎金核算規則：

第一，目標利潤達成率達到 80％（含）以上，才享有目標獎。

第二，當核算超額激勵獎金時，目標獎金按照 100％ 完全核算到事業部獎金池中。

第三，在採用員工基本薪資進行核算時，應採用本規則規定具有資格人員的薪資進行核算。

二、超額激勵獎金

超額激勵獎金是指事業部在完成利潤目標的基礎上，超額完成目標後獲得的激勵獎金。

超額激勵獎金核算規則：

① 超額激勵獎金產生的前提條件是，在完成當年度淨利潤目標的基礎上有超額利潤。
② 超額激勵獎金採取分段累進計提方式進行核算，即分段提取、超額累加。
③ 超額激勵獎金按年度核算，核算後應確保集團利潤成長率不低於事業部個人所得成長率。
④ 原則上增量提取係數最大不超過 50%，如需特別調整，應由集團總經理組織進行決策調整。
⑤ 達到激勵調整條件時，經財務管理中心測算、集團總經理決策審批後可進行調整。

思考：你對超額激勵獎金的理解是什麼？

第五節
阿米巴激勵規則的規範化設計

在阿米巴經營諮詢實踐中，我們制定了阿米巴激勵規則，主要有事業部激勵規則、平臺管理者激勵規則、激勵獎金兌現規則等內容。

一、事業部激勵規則

事業部激勵規則，主要有如下幾點：

① 各級巴長或平臺負責人缺位時，其激勵獎金可用於本巴（平臺）內部進行分配。

② 由於受到集團或事業部處罰而被剝奪享受激勵獎金許可權的，激勵獎金轉存到事業部調節獎金池。

③ 事業部各級巴長在任內出現違反國家法律法規、公司規定等重大為違法違紀情形時，需要立即終止巴長職務，其未分配獎金須轉存到事業部調節獎金池中。

④ 一般情況下，不調整第二級以下各巴的利潤目標；第一級巴長可透過調整外部收入切割的比例來進行調整，或透過「事業部調整收入」一項進行公平性調整。

⑤ 當事業部進行新業務注入或剝離相關業務，拆分或合併時，可對阿米巴的外部收入切分規則進行調整。

⑥ 事業部設立保底 5%～10% 的調節獎金池，用來調整個別阿米巴的非經營性虧損下的激勵，或者用於事業部在整體不盈利的情況下的普惠型激勵；事業部調節獎金池只有第一級巴長有分配權，其他各級巴長只有建議權。
⑦ 巴長任期 3 年。第一年經營虧損時，可由上一級巴長選擇主動更換巴長，但不強制更換；當連續兩年虧損時，其巴長任期強制自動終止，在集團內另外培訓就任。
⑧ 事業部第二級及以下巴長職位原則上採用競聘制，特殊情況下採用任命方式時，應報經營管理部稽核，總經理批准。

二、平臺管理者激勵規則

企業平臺管理者激勵規則，主要有如下幾點：

① 預算巴享受集團激勵獎金的前提條件是：本巴年度預算完成率不能超過 100%。
② 預算巴享受本巴節約獎金的前提條件是：除節約科目以外的其他所有科目預算完成不能超過預算目標。
③ 各級預算巴巴長缺位時，其激勵獎金中的關聯激勵獎金不用於本巴（平臺）內部分配，收歸集團；但預算巴節約的獎金可用於本巴人員的分配。
④ 按相關規定由集團剝奪享受激勵獎金許可權的，激勵獎金收歸集團。

⑤ 預算巴巴長在任內出現違反國家法律法規、公司規定的重大違紀情形時，需要立即終止巴長職務，其未分配獎金自動收歸集團。

⑥ 預算巴預算目標經審批調整後，則按新目標衡量其預算完成率，不影響其應得激勵。

⑦ 巴長在任期內屬於正常工作調整，其未發激勵獎金按兌現規則正常兌現。新任巴長從其擔任巴長的第一個整月開始核算其相應的獎金，但新任巴長需符合本規定要求的享受激勵資格人員的條件。

⑧ 預算巴巴長第一年預算目標超過 10%時，可由上一級巴長選擇主動更換巴長，但不強制更換；當連續兩年超過 10%時，其巴長任期強制自動終止，在集團內另外培訓就任。

⑨ 預算巴第二級及以下巴長職位採用聘任制，可按公司人力資源相關制度執行。

三、激勵獎金兌現規則

激勵獎金兌現規則，主要有如下幾點：

① 以員工大會形式進行現金兌現，直接兌現到個人。員工大會每年度舉行一次，上一年度的應發獎金符合兌現規則部分應在第二年度第一季完成現金兌現。

第五節　阿米巴激勵規則的規範化設計

② 各事業部阿米巴實際發放的激勵獎金，應按照當年專案驗收單回單占比進行發放，發放時機為回單占比達60%、80%、100%，未達到這三個比例可不予發放。
③ 各預算阿米巴實際發放激勵獎金應發比規則：集團關聯激勵獎金應按照當年專案驗收單回單總占比進行發放，發放時機為回單占比達60%、80%、100%，未達到這三個比例可不予發放；預算巴節約獎金可直接進行發放。
④ 各級事業部阿米巴巴長非正常結束任期時（辭職、辭退、開除、其他非正常解除勞動合約等），所有未發的剩餘比例獎金均不予發放，存入該事業部調節獎金池中。
⑤ 各級預算巴巴長非正常結束任期時（辭職、辭退、開除、其他非正常解除勞動合約等），所有未發的剩餘比例獎金均不予發放，集團自動收回。
⑥ 由於資料作假而產生的激勵獎金，一旦考核，除重新核算外，直接負責人須調整職位，當年度應享受的激勵獎金均不能享受，巴長的獎金（包括事業部與預算巴）由集團收回。
⑦ 各級阿米巴巴長任期結束時需要進行離任審計，審計合規後，剩餘比例可按規定時間發放；如任期內發現作弊或作假等行為，已獲取不當獎金部分，由集團收回，集團保留追究法律責任的權利。

⑧ 巴長在任期內屬於正常工作調整，其未發激勵獎金按兌現規則正常兌現；新任巴長從其擔任巴長的第一個整月開始核算其經營業績以及分享相應的獎金。

⑨ 當一個阿米巴巴長兼兩個或兩個以上巴長時，部分獎金可按從高原則選取一個較高比例獲取。

▍操作

設計你公司的阿米巴激勵規則。

第六節
阿米巴激勵分配方案的科學設計

阿米巴激勵分配方案，主要包括定對象、定模式、定來源、定目標、定數量、定兌現和定機制等方面的內容，以及激勵方案調整機制等。

一、阿米巴激勵方案設計、操作和管理

阿米巴激勵方案分為設計層面、操作層面、管理層面三個部分如圖 1-4 所示。

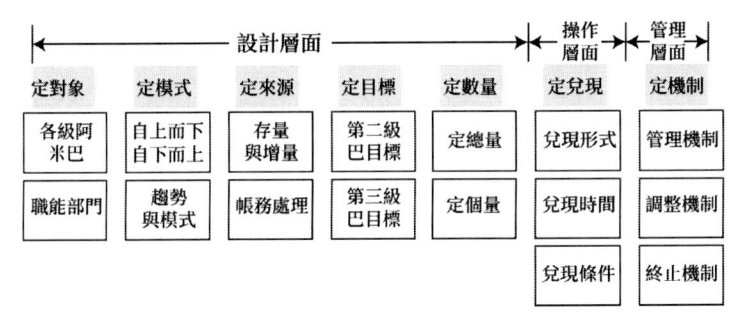

設計層面					操作層面	管理層面
定對象	定模式	定來源	定目標	定數量	定兌現	定機制
各級阿米巴	自上而下自下而上	存量與增量	第二級巴目標	定總量	兌現形式	管理機制
職能部門	趨勢與模式	帳務處理	第三級巴目標	定個量	兌現時間	調整機制
					兌現條件	終止機制

圖 1-4 阿米巴組織的激勵分配方案

1. 對象

定對象，即確定激勵的對象，包括各級阿米巴和職能部門。

操作

填寫激勵對象（見表 1-3）。

表 1-3 確定激勵對象

| 序號 | 激勵對象 | | | | 非激勵對象 |
	第一級阿米巴	第二級阿米巴	第三級阿米巴	職能部門	（不適用範圍）
1					1. 臨時聘用人員。
2					2. 未過試用期人員。
3					3. 有違紀紀錄按規定不享受激勵的人員。
4					4. 計件人員

2. 定模式

定模式，即確定激勵的模式。在激勵設計方向上，是從上至下、從下至上，還是兩者結合；在總趨勢控制方面，獎金總額占比是成長還是下降；在測算方法（模式）上，主要有階梯遞增、階梯遞減、統一比例和薪點倍數等。如圖 1-5 ～圖 1-7 所示。

第六節　阿米巴激勵分配方案的科學設計

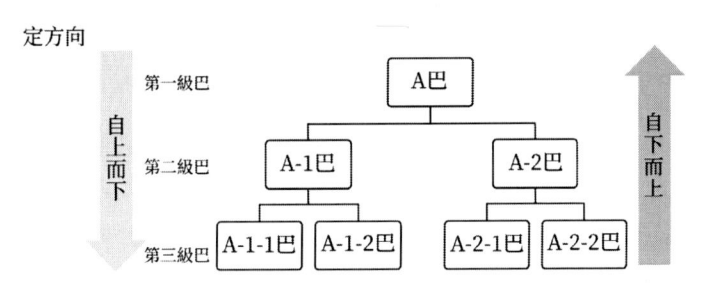

定方向

- 第一級巴：A巴
- 第二級巴：A-1巴、A-2巴
- 第三級巴：A-1-1巴、A-1-2巴、A-2-1巴、A-2-2巴

自上而下 ／ 自下而上

圖 1-5 阿米巴激勵模式定方向

定趨勢

總額控制趨勢

%

A趨勢：資金總額占比成長還是下降？

B趨勢

薪資部分　｜　資金部分

總額

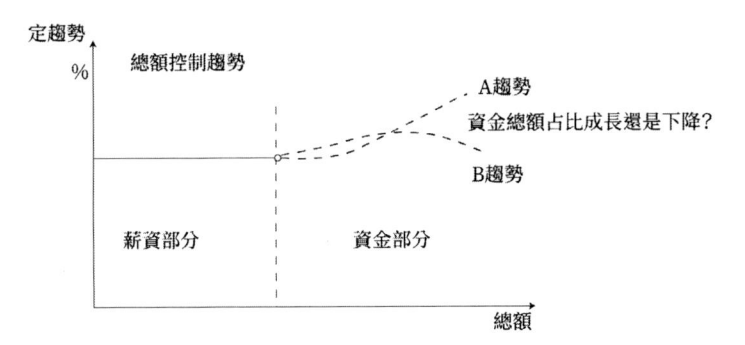

圖 1-6 阿米巴激勵模式定趨勢

定模式

資金提取%

- A模式
- B模式
- C模式

階梯遞增？
階梯遞減？
統一比例？
薪點倍數？

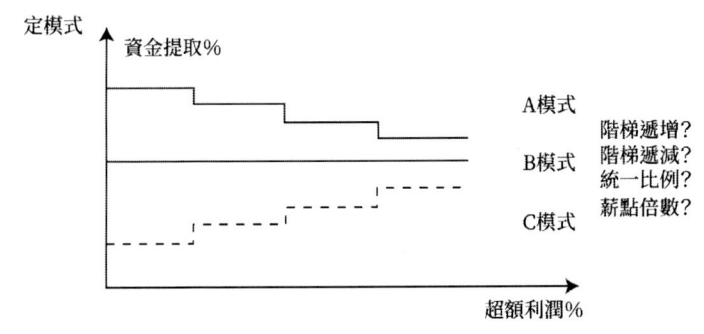

超額利潤%

圖 1-7 阿米巴激勵模式定模式

3. 定來源

定來源,主要包括增量(超額利潤)、存量(原有獎金)、獎金是否計入巴內成本。增量分享,主要是阿米巴超額獎金,基於阿米巴淨利潤超過預算目標的獎金激勵,是集團公司提供給實施阿米巴的事業部的超額獎勵。存量分享,主要是阿米巴目標達成獎,基於阿米巴淨利潤達成底線目標的獎金激勵,是集團公司提供給實施阿米巴的事業部的基礎性獎勵。獎金是否計入巴內成本,主要根據由公司支付獎金還是阿米巴支付獎金來確定。

4. 定目標

定目標,即制定阿米巴激勵所要求的目標,在目標完成基礎上有利潤即按規定分享(見表1-4)。

表1-4 確定激勵目標

序號	阿米巴類別	目標定義	年度淨利潤目標	備註
1	第一級阿米巴			阿米巴完成底線目標。在目標完成基礎上有利潤即按規定分享
2	第二級阿米巴			
3	第三級阿米巴			

第六節　阿米巴激勵分配方案的科學設計

■ 成果 1　利潤考核目標設定

目標設定

序號	項目	單位	阿米巴單位	成長率
1	2022 年利潤考核目標（底線）	萬元		
2	2023 年利潤考核目標（底線）	萬元		
3	2023 年利潤考核目標（挑戰）	萬元		
4	2023 年利潤考核目標（衝刺）	萬元		

前提條件

序號	獎金名稱	前提條件	年度淨利潤目標
1	阿米巴超額分享獎	完成預定經營目標；經營責任類指標超過 70 分	
2	職能部門支援服務獎	績效考核超過 80 分；為利潤巴提供滿意的服務	

5. 定數量

阿米巴激勵方案中的數量重點包括總資金金額控制、增量提取額測算、每人平均利潤額控制、團隊獎勵金額控制與

第一章 阿米巴激勵機制的構建與設計

個人獎勵金額控制，如圖 1-8 所示。

```
                    ┌─ 總資金金額控制
                    │                    整體利益與個人利益平衡
                    ├─ 增量提取額測算
          定數量 ────┤
                    ├─ 每人平均利潤額控制
                    │
                    ├─ 團隊獎勵金額控制
                    │                    總數量與個人數量平衡
                    └─ 個人獎勵金額控制
```

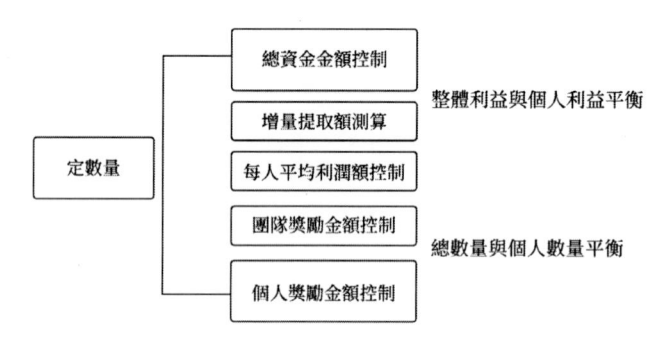

圖 1-8 阿米巴激勵方案定數量

阿米巴獎金發放時，根據對象的不同劃分為第一級巴長獎金、第二級巴長獎金、第三級巴長獎金、職能部門員工獎金以及調節基金等，具體內容見表 1-5。

表 1-5 阿米巴獎金類別

序號	阿米巴類別	分紅比例 /%	備註
1	第一級阿米巴巴長	10	
2	第二級阿米巴巴長	15	
3	第三級阿米巴巴長	20	
4	巴員	45	利潤巴成員
5	職能部門	5	非利潤巴
6	調節基金	5	總經理調節使用

第六節　阿米巴激勵分配方案的科學設計

6. 定兌現

定兌現包括確定兌現形式、兌現時間和兌現條件等，如圖 1-9 所示。

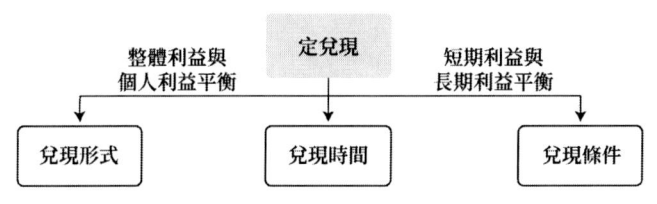

```
         整體利益與              短期利益與
         個人利益平衡    定兌現   長期利益平衡
              ↓           ↓          ↓
          兌現形式      兌現時間    兌現條件
```

圖 1-9 阿米巴激勵方案定兌現

兌現週期：各事業部與平臺建議以年度為週期兌現。

兌現時間：建議每一季內完成上一季獎金兌現。

兌現形式：包括現金、薪資和股權；建議以大會形式進行現金兌現，可直接兌現到個人。

兌現條件：完成底線目標、與經營能力指標關聯、與協同能力指標關聯、與績效指標關聯。

【範例】各級阿米巴巴長激勵獎金兌現時間可按表 1-6 執行。

表 1-6　各級阿米巴巴長激勵獎金兌現時間

巴長級別	獎金發放年度		
	第一年應發額 /%	第二年應放額 /%	第三年應發額 /%
第一級巴長同級平臺負責人	70	20	10

第一章 阿米巴激勵機制的構建與設計

巴長級別	獎金發放年度		
	第一年應發額/%	第二年應放額/%	第三年應發額/%
第二級巴長同級平臺負責人	80	20	/
第三級巴長同級平臺負責人	90	10	/
普通巴員	100	/	/

7. 定機制

定機制除了將前 6 個要素形成制度，還須制定調整、退出等機制，如圖 1-10 所示。

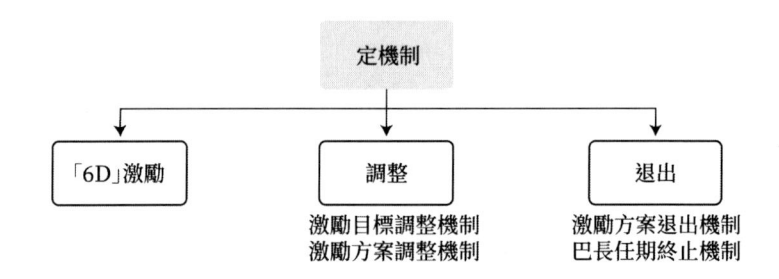

```
                        定機制
           ┌──────────────┼──────────────┐
      「6D」激勵          調整            退出
                    激勵目標調整機制   激勵方案退出機制
                    激勵方案調整機制   巴長任期終止機制
```

圖 1-10 阿米巴激勵方案定機制

二、激勵方案調整機制

第一，阿米巴激勵方案調整條件。

目標檢視線。對年度淨利潤目標進行半年度檢視，綜合

第六節　阿米巴激勵分配方案的科學設計

考慮行業競爭態勢、外部環境、規模、追加投資等情況。

目標調整。年度目標檢視，當外部環境、行業態勢發生重大變化而導致事業部半年度實際淨利潤比目標淨利潤低40%時，經總經理批准，可對當年目標淨利潤值進行調整。

業務注入或剝離。當事業部進行新業務注入或剝離相關業務時，可對目標利潤值進行調整。

第二級巴目標調整。第二級以下巴的目標制定權與調整權均在第一級巴長手中，但須在經營管理部備案。

第二，阿米巴激勵方案退出條件。

不可抗拒條件。由於法律、政治、自然環境、意外災害等原因造成經營體無法經營時，激勵方案自動失效。

自身重大問題。由於發生重大安全或重大品質事故，無替代方案時，激勵方案自動失效。

經營人員問題。由於經營人員發生重大變化，而且超過兩個月以上沒有巴長，激勵方案自動失效。

經營政策調整。由於公司重大業務或政策調整，或策略性虧損超過20%，可以申請調整激勵方案或申請暫停激勵。

▍操作

根據如上步驟，設計阿米巴激勵方案。

第七節
團隊與個體激勵的目的與實踐責任

一、阿米巴巴長的激勵

(一) 主要方法

阿米巴巴長的激勵方法，表現在以下方面：

① 以阿米巴巴長為核心，進行獨立核算和自主經營。
② 以人為本，信任阿米巴巴長的經營能力。
③ 喚醒阿米巴巴長的熱情和夢想。
④ 玻璃般透明的經營原則，讓阿米巴巴長身先士卒地實踐。

阿米巴並不把考核結果和個人以及團隊的收益掛鉤。阿米巴的獎勵是讓做得好的巴長得到提升，承擔更大的責任，有更大的事業舞臺。

阿米巴經營模式的業績核算，主要針對經營效果和員工的努力成果，而業績核算的意圖是激勵員工，以培養與企業家理念一致的經營人才為最終目的。透過阿米巴經營可以達到三個目的：第一個目的是「確立與市場掛鉤的部門核算制度」；第二個目的是「培養具有經營者意識的人才」；第三個目的是實現「人人成為經營者」。

(二)阿米巴巴長激勵操作要點

1. 明確阿米巴巴長的許可權

公司由多個獨立核算的阿米巴來經營，各個阿米巴組織就像是一家家中小企業，在保持活力的同時，以「單位時間核算」這種獨特的經營指標為基礎，充分發揮每一個員工的智慧，追求附加價值的最大化。

在競爭日益激烈的產品和有償服務市場中，企業面臨的最大挑戰就是如何快速地擴大企業規模，如何讓公司品牌具有更強的市場競爭力和更高的知名度。如果每一個阿米巴組織的規模都能夠快速地擴大，公司的規模自然就擴大了。所以，公司要把每一個阿米巴當成一個小的公司來經營，這就要求阿米巴巴長具有獨立核算和經營的意識。

企業需要確定阿米巴巴長的許可權（決策權），如人事組織許可權、財務許可權、業務許可權等。阿米巴巴長就會樹立起經營者的意識，進而增強作為經營者的責任感，盡可能地努力提升業績。

2. 實行信任激勵

阿米巴經營是從公司內部選拔阿米巴巴長，並委以經營重任，從而培養出更多具有經營者意識的人才。

阿米巴經營模式的基礎在於對阿米巴巴長的信任。相信

阿米巴巴長的能力，把經營建立在互相信任的基礎上，這是實現阿米巴經營最基本的條件。

阿米巴模式的一個重要特點是「充分授權」。在阿米巴模式中，充分授權的最終目的其實在於培養阿米巴巴長，激發每個員工的創業熱情，挖掘員工的企業家精神。在「人人成為經營者」的理念中，員工必定會感到備受尊重，從而將畢生的智慧與心血投入到自己的事業中去。

3. 精神激勵：喚醒阿米巴巴長的熱情和夢想

一個人只有真正想去做一件事情的時候，才能產生無窮的力量。要想成就一番事業，首要的就是有熱情，只有胸懷熱情的人去努力才能獲得成功。而阿米巴的經營模式核心就在於喚起每位員工心中的創業熱情與企業家精神。

要想喚醒阿米巴巴長的熱情和夢想，企業必須擁有遠大的策略目標，而企業文化必須能夠引起阿米巴巴長、員工的共鳴，這是一個非常好的開始。阿米巴經營模式意在最大限度地釋放員工的創造力，把大公司的規模和小公司的好處統攬於一身。公司制定出長遠的策略發展目標，再制定出阿米巴的經營目標，把大家的力量凝聚在這個目標上，讓阿米巴巴長按月進行核算管理，最終完成年度總經營目標。

二、阿米巴團隊的激勵

(一) 主要方法

阿米巴團隊的激勵方法,表現在以下幾個方面:

① 實現全員參與的經營,人人成為經營者。
② 透過單位時間核算,員工們樂於互相競爭。
③ 超越家庭的大家庭主義。
④ 帶動阿米巴員工的積極性,激勵員工主動、積極地工作。

阿米巴經營就是以阿米巴巴長為核心,讓其自行制定各自的計畫,並依靠全體成員的智慧和努力來完成經營目標。透過這樣一種做法,第一線的每一位員工都能成為主角,主動參與經營,進而實現「人人成為經營者」。

(二) 操作要點

1. 實現全員參與的經營,人人成為經營者

阿米巴組織要激勵每一個員工在各自的工作職位上為自己所屬的阿米巴組織做出貢獻,為了阿米巴的發展而齊心協力地參與經營,並且在工作中感受人生的意義和成功的喜悅,實現「全員參與的經營,人人成為經營者」。

2. 透過單位時間核算,員工們樂於互相競爭

在阿米巴經營模式中,雖然單位時間核算並不能直接與

第一章　阿米巴激勵機制的構建與設計

薪酬掛鉤，但阿米巴員工們卻樂於互相競爭，為了實現阿米巴經營目標，不怕被考核，反而在完成經營目標的過程中感受到無窮樂趣。在這樣的情況下，這樣的員工已經完全成為工作的主人了。

由於阿米巴巴長擁有人事組織許可權、財務許可權、業務許可權等，為了完成經營目標，他們常常需要自主、迅速地做出判斷。在這樣的模式下，阿米巴巴長都具有企業家的氣質。

3. 超越家庭的大家庭主義

阿米巴經營模式要求有「大家庭主義」。在阿米巴組織這樣的大家庭裡，每個員工都是家庭成員，尊重員工就是尊重自己。

阿米巴經營的單位時間核算制度，同樣是以家庭記帳模式進行的，簡單到讓人覺得就像在家裡記帳一樣，讓員工產生親近感。每個阿米巴組織都像一個家庭，而企業就像一個更大的家庭。在這樣的家庭背景下，每個員工都有為了「大家庭」的長盛不衰而努力的動力和責任感。每個員工都會產生「經營者」的心態，而不會有「受僱者心態」。

4. 帶動阿米巴員工的積極性，激勵員工主動、積極地工作

在一些採用阿米巴經營模式的企業，每位員工如果完成超出預定目標的工作量就會得到額外獎勵，以此帶動阿米巴

第七節　團隊與個體激勵的目的與實踐責任

員工的積極性，激勵員工主動、積極地工作。這樣，團隊成員對阿米巴管理模式的態度、工作面貌和關注重心都發生了明顯的變化。

▌案例 1

某管理顧問公司有一家客戶，這家公司主要研發和生產電子產品。該公司透過採用阿米巴經營模式，帶動阿米巴員工的工作積極性。當員工的主動性和積極性被極大地帶動起來後，工作方式得到改善，開始從使用者的角度思考問題，服務態度更加主動。

阿米巴組織在為使用者提供服務的過程中，團隊成員會主動與使用者溝通。日常注重避免漏單等情況的發生，盡力減少漏單，並及時進行補單。無論第一線服務臺還是第二線現場團隊，都開始從初期的不知所措，變得開始歡迎、擁抱阿米巴模式。阿米巴模式正在成為提升服務品質和效率的動力，使用者體驗值也得以明顯提高。

同時，阿米巴巴長不再僅僅盯著實施團隊的管理和監控，而是會從使用者的角度思考出現的問題和故障，從使用者的角度考慮如何提升服務品質。員工從以前僅關注解決率、解決時間等指標，轉向關注使用者服務的體驗值和解決率。

第一章　阿米巴激勵機制的構建與設計

第二章
阿米巴薪酬策略的創新實踐

　　激勵機制能夠讓員工發揮出最佳的潛能，為企業創造出更大的價值。激勵的方法很多，但是薪酬可以說是一種最重要、最易使用的方法。它是企業對員工給阿米巴所做貢獻的相應回報和答謝。在員工的心目中，薪酬不僅僅是自己的勞動所得，它在一定程度上代表著員工自身的價值、阿米巴對員工工作的認同，甚至還代表著員工個人的能力和發展前景。長期激勵報酬方案諸如持股計畫、期權計畫和利潤分享等，將人力資本的薪酬與阿米巴績效相連繫，可作為年度現金報酬的補充。

| 第二章　阿米巴薪酬策略的創新實踐

▎本章目標

① 理解：各阿米巴巴長薪資設計。

② 掌握：三三制薪酬設計。

③ 掌握：期薪激勵。

▎形成成果

① 人力成本統計與分析。

② 人工成本對比。

第一節　各阿米巴巴長薪酬結構設計

一、確定阿米巴薪資率

阿米巴薪資率＝薪資總額①÷銷售額②

其中，①薪資總額＝阿米巴巴長的薪資＋阿米巴全體員工的薪資＋全員福利；②銷售額＝阿米巴的實際銷售收入。

其中，薪資的內涵科目界定如表 2-1 所示：

表 2-1　薪資詳細科目界定

項目	員工分類	
	直接人員	間接人員
員工範圍	直接在製造工廠從事生產工作的人員	除直接人員以外的所有員工，包括阿米巴巴長，以及行政、銷售、技術、生產管理等人員
薪資科目	固定薪資、計件薪資、績效獎、加班費、宵夜補貼、生活補助、退房補貼、特殊職位補貼、年資獎、月度獎金、全勤獎、品質獎、其他補貼	固定薪資、績效獎、加班費、生活補助、宵夜補貼、月度獎金、其他補貼
福利科目	社會保險費用、強制性退休金、住房退休金、公司活動費、補償金、工傷醫療費、培訓費（資料費＋出差費＋內部會務費）、招募費用（僅限子公司）	

二、各阿米巴巴長的薪資結構

1. 現行薪資結構情況說明

年薪總額 ＝ $\sum$ 1～12 月固定月薪＋年終紅包或分紅

2. 新的薪資結構

推行阿米巴後，將統一所有阿米巴巴長的薪資結構，計算公式如下：

阿米巴巴長年薪總額 ＝ $\sum$ 固定月薪＋阿米巴年度效益獎金的個人部分

3. 新的薪資結構說明

① 現行阿米巴 1～12 月巴長固定月薪水額及發放方式以當年平均月薪為準，任期 3 年內不變。

② 年終紅包、年終分紅不再單獨發放，計入阿米巴 1～12 月年度效益獎金總額預算之中。

第二節 「三三制」薪酬技術解析

阿米巴的薪酬設計,主要參考某管理顧問公司開發的三三制薪酬設計技術。如圖 2-1 所示:

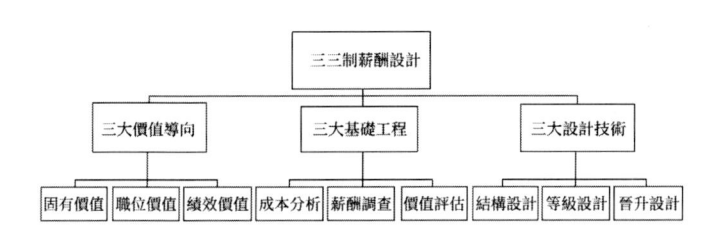

圖 2-1 三三制薪酬設計

一、三大價值導向

(一) 固有價值

固有價值也稱「個人價值」,即員工本身所具有的價值,不易隨著服務對象、職位的變化而發生太大的變化,它主要包括學歷、專業、職稱、年資、人才來源地等方面。企業要尊重員工的固有價值部分,承認一個人的固有價值,即承認一個人對未來有積極影響的過去。這些固有價值在整體的薪酬設計結構方面應該占有一定的比例。企業想要長期發展,就要進行策略性的人力資源管理,而薪酬制度是策略性人力資源管理的前提。

▍(二)職位價值

職位價值也稱「使用價值」,即把一定量固有價值的員工安排在某一特定的職位上,而職位的職責與特徵是決定員工所能做出的貢獻大小的基礎平臺。從理論上來講,職位價值不會因為擔當該職位的責任制的不同而發生變化,它是一個相對靜態的價值係數。

(1)當個人價值大於職位價值時,就會出現:

- 人才浪費,或英才變成庸才。
- 增加人力成本,或導致人才流失。

(2)當個人價值小於職位價值時,就會出現:

- 員工無法全面履行職責。
- 員工勉強履行職責,但品質或績效不高。
- 企業對該職位的期望大大降低。

所以,阿米巴在徵才的時候,就要考慮到使個人價值與職位價值盡量相配,不要造成人才的浪費或是不勝任職位,這也是科學設計薪酬體系的前提。而透過合理地評價職位價值而設計的職位薪酬標準,不應該因為應徵該職位人員的膚色、年齡、性別等外在因素而改變太多。

(三) 績效價值

績效價值,即員工在某一特定職位上為企業創造的價值,並且這個價值值得企業發起購買行為。因為從僱傭關係的意義上來講,員工其實也是一種商品,只不過阿米巴所購買的不是員工的身體,也不是學歷、專業、職稱等固有價值,而是員工在工作期間運用固有價值所創造出來的績效。

三大價值導向為阿米巴進行人才招募和薪酬設計提供了理論依據和科學的解釋。

> 思考:設計阿米巴薪酬制度,如何呈現出三大價值導向?

三大價值導向的關係如圖 2-2 所示。

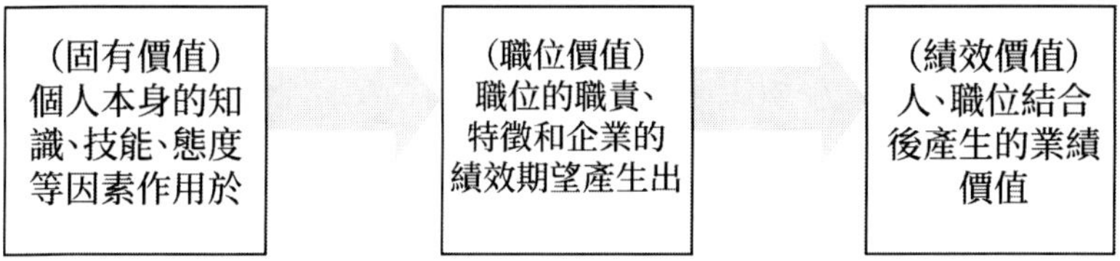

| (固有價值)
個人本身的知識、技能、態度等因素作用於 | ➡ | (職位價值)
職位的職責、特徵和企業的績效期望產生出 | ➡ | (績效價值)
人、職位結合後產生的業績價值 |

圖 2-2 三大價值導向的關係

二、三大基礎工程

(一) 成本分析

在這裡，本節主要進行人力成本分析。

1. 什麼是人力成本分析

要進行人力成本分析，就需要知道人力成本的內容。

(1) 從概念上來講，人力成本分為三個部分：

- 標準工作時間的員工標準所得（主要是薪資部分）。
- 非標準工作時間的企業付出（通常所說的福利部分）。
- 人力成本的開發部分（包括內部開發和外部開發。內部開發主要指培訓，外部開發主要指徵才）。

(2) 進行人力成本分析的目的一般包括：

- 幫助企業設計能招到人的薪資標準。
- 分析人力總成本的合理性。
- 預算和控制薪資總額或總比例（人力成本率）。
- 有目標性地提高每人平均效益，降低人力成本率。

(3) 人力成本率的計算公式：

人力成本率＝當期總人力成本÷當期銷售額

2. 確定人力成本與銷售額的關係

人力成本占銷售額的比例多大才合理呢？不同的行業、企業，或者某一個企業在不同階段該比例都會有一定的變化，但這個變化是有規律的。我們透過若干時間的資料就可以得到一個常數，這個常數的變化不會太大。

所以，人力資源管理者經常要做的一件事情，就是注意收集有用的相關資料，把兩年以前或者三年以前的資料與現在進行對比，有進步就是好的。

3. 人力成本分析的方法

(1) 歷史資料推算法。

計算人力成本率的方法較多，但比較常見的就是運用歷史資料推算法得出人力成本率這個常數，因為它比較簡單。

(2) 損益臨界推算法。

- 由財務部計算出公司損益臨界點：

損益臨界點＝固定成本÷臨界利益率

臨界利益率＝臨界利益÷銷售額

臨界利益＝銷售額－變動成本

- 統計出現在臨界點時的人力成本。
- 計算人力成本率：

人力成本率＝臨界點的人力成本÷臨界點的銷售額

(3)勞動分配率推演算法。

勞動分配率＝人力成本÷附加值

附加值＝銷售額－購入值（材料＋外加工費）

附加值率＝附加值÷（銷售額－附加值）

人力成本率＝附加值率×勞動分配率＝人力成本÷銷售額

4. 人力成本分析的比例

(1)總人力成本與銷售額的比例，見表 2-2。

表 2-2　總人力成本與銷售額的比例（供參考）

企業規模／人	（總人力成本／銷售額）/%
5,000 及以上	11
1,000～4,999	12
300～999	13
100～299	14
30～99	15
平均值	13

第二節 「三三制」薪酬技術解析

(2) 人力成本構成及比例，見表 2-3。

表 2-3　人力成本構成及比例

項目		成本占比				
基本薪資	職務薪資	標準工作時間內薪資，占 60.5%	每月支付薪資總額 87.5%	支付費用總額 100%	假設為 100%	總人力成本
	職能薪資					
各種津貼	職務津貼					
	眷屬津貼					
	地域津貼					
	住房津貼					
	交通津貼					
	環境津貼					
加班費		工作時間以外薪資占 8.5%			上面假設的 70%	
值日津貼						
臨時津貼						
獎金		18.5%				

項目		成本占比			
離職補償		2.5%	其他支付 12.5%	支付費用總額 100%	上面假設的 70%
法定福利		5%			
法定外福利		3%			
其他		2%			
與銷售額掛鉤費用	應徵費用	變數太大，因各企業情況而異		消耗費用	
	培訓費用				
	其他費用				

(最右欄為「總人力成本」，涵蓋整個表格)

■（二）薪酬調查

薪酬調查的主要作用是確保薪酬的外部競爭力，解決企業應該設計怎樣的薪資標準才能招到人的問題。

有一種十分簡單而又非常經濟、有效的方法——利用徵才的機會進行薪酬調查。

首先，設計好一份實用的表格。

其次，公布招募的職位。徵才廣告上列出企業所想了解的每個職位的名稱及職責。

(三) 價值評估

1. 職位評估

我們要制定科學合理的薪酬制度，絕對不要只看職位的固有價值。薪酬的調升主要的決定因素是本人績效的提升。

第一，評價指標體系的建立。

職位評價不但要明確職位狀況和工作量的差異，還要滿足企業人力資源管理基礎工作的需求，促進人力資源管理工作的發展。因此，必須在決定工作職位、工作狀況和工作量的眾多因素中，選擇合適的因素，進行全面、科學的評價。

第二，評價的操作。

職位評價的實施一般都是透過一定的標準，對所有職位的內部比較價值進行評分，並根據價值分數的高低進行排序。常用的職位評價方法主要有排列法、分類法、評分法、因素比較法、國際標準職位評價系統（ISPES）、海氏職位評估系統等。

第三，評價結果資料的處理。

透過職位評價的測定和評定工作，會得到大量的原始資料。必須對這些資料進行處理和計算，才能得到評價結果。正確地進行資料處理和計算，是獲得科學評價結果的重要保證。

第四，評價資料的計算方法。

評價資料的計算，包括勞動強度和工作環境各因素測定資料分級的計算，工作責任、工作技能各因素評定等級的計算以及職位綜合評價的計算。如果評價職位很少，可以採用人工計算；若分級職位過多，應使用電腦進行資料處理和計算。

2. 能力特質評估

(1) 模型建立的作用。

企業需要建構能力特質模型來對所有職位的員工，包括對服務同一類職位的不同人員進行評價，而且這個評價的結果將成為他們報酬的核心因素。

(2) 模型建立的程序：

A. 定義績效標準。根據企業發展策略及各類職位的要求，界定各類職位績效優劣的標準。
B. 選取分析樣本。
C. 獲取關於能力特質的資料。
D. 建立能力特質模型。從企業使命、願景、策略以及價值觀中推導特定員工群體所需的核心能力特質，再與獲取的調查資料結果相結合，建立最終的能力特質模型。

E. 完善能力特質模型。透過採用回歸法或其他相關的驗證方法，把初步建立的能力特質標準與相應職位搭配的員工能力特質進行具體分析對比、檢驗，完善標準。

> 思考：你在設計阿米巴薪酬制度的過程中，如何制定三大基礎工程？

三、三大設計技術

三大價值導向指明了薪酬設計的思路，三大基礎工程奠定了薪酬設計的資料基礎，但二者都必須最終透過薪酬設計來表現在相關制度和表格上，以便於日常操作。任何科學的薪酬設計都必須包括三個方面的設計，即結構設計、等級設計和晉升設計。

(一) 結構設計

1. 薪酬結構設計的作用

薪酬的特性除具有保障作用外，更重要的是還應該具有激勵作用。即使在總金額相等的情況下，由於結構及其比例的不同，對於員工的激勵也會出現「石墨與鑽石」的差距。

「高固定＋低浮動」的薪酬結構保障作用較大，對於徵人和留人有一定的好處，但不易激發員工工作的積極性；相反，「低固定＋高浮動」的薪酬結構激勵作用較大，比較容易激發員工的工作熱情，但對於徵人和留人的風險性就高了。

2. 績效型薪酬結構及其比例的設計

根據三大價值導向原理，其實任何薪酬結構都是由以下三部分組成的，萬變不離其宗，見表2-4。

表2-4　薪酬結構表

第一級結構	個人薪資 (一般稱資歷薪資)		職位薪資		績效薪資	
第二級結構	年資補貼	學歷補貼	能力薪資	職位薪資	職務補貼	績效薪資	各種獎金

3. 績效薪資的分配

月薪資分配的計算如下：

(1) 分配職位薪資。

①計算固定薪點值：

固定薪點值＝目標年薪÷∑年薪總薪點數

年薪總薪點數＝∑各職位薪點數

②計算職位薪資：

職位薪資＝職位薪資薪點數×固定薪點值

(2) 分配績效薪資。

績效薪資總額＝月薪總額－職位薪資總額

(3) 計算部門績效薪資總額。

部門績效薪資總額＝

$$\frac{公司績效薪資總額 \times 部門績效薪資薪點數總額 \times 部門績效考核係數}{\sum(部門績效薪資薪點數總額 \times 部門績效考核係數)}$$

(4) 計算個人績效薪資。

個人績效薪資＝

$$\frac{部門績效薪資總額 \times 個人績效薪資薪點數 \times 個人績效考核係數}{\sum(個人績效薪資薪點數總額 \times 個人績效考核係數)}$$

(5) 年終獎金的分配。

年終獎金＝全年部分－已經發放部分

(6) 計算部門年終獎金總額。

部門年終獎金總額＝

$$\frac{公司年終獎金總額 \times 部門年終獎金薪點數總額 \times 部門年度績效考核係數}{\sum(部門年終獎金薪點數總額 \times 部門年度績效考核係數)}$$

(7) 計算個人年終獎金。

個人年終獎金＝

$$\frac{部門年終獎金總額 \times 個人年終獎金薪點數 \times 個人年度績效考核係數}{\sum (個人年終獎金薪點數總額 \times 個人年度績效考核係數)}$$

▌操作

設計你公司或阿米巴的薪酬結構。

▌(二) 等級設計

1. 薪酬等級設計的條件

薪酬等級的設計建立在兩方面工作的基礎上：一是職位評價；二是根據職務等級來劃分。如果職位評價沒有做，可以把行政等級乘以3，得出的數字基本等於該公司的薪酬等級，這是一種比較簡單的方法。

2. 薪酬等級設計的方法 —— 某管理顧問公司的「六步法」

從技術層面上來講，某管理顧問公司的「六步法」是薪酬等級設計較為實用的方法，簡單介紹如下：

第一步：確定薪酬等級。

第二步：確定各薪酬等級的金額。

第三步：確定各薪酬等級金額的上下限。

第四步：確定同一薪酬等級的薪級數。

第五步：確定薪級差額。

第六步：形成薪酬等級薪級表。

3. 薪酬等級遞增的方式

薪酬等級遞增的方式一般有兩種，各企業因企業文化的不同而採取不同的薪酬等級方式。

第一種：隨著薪酬等級遞增，薪酬額度越加越小。

第二種：隨著薪酬等級遞增，薪酬額度越加越大。

前一種主要是針對那些高科技性質的知識型，如具有比較強的創新能力和爆發力的一類企業或職位；而後一種是針對經驗型的企業或職位，越有經驗，價值越大，像老中醫。這些就是薪酬等級的確定。

▌操作

設計你公司或阿米巴的薪酬等級。

▌（三）晉升設計

1. 薪酬級別的晉升

一般情況下，談到薪酬晉升的時候，我們都會認為是薪酬級別的晉升。但當薪酬級別晉升到了最高的時候，員工的薪資就沒有了晉升的空間，唯一的機會就是普調。這時候，

就可以運用等級薪資的方式進行調整,從而給員工更大的晉升空間。

形成一定的制度後,讓員工清楚地了解升或降的原因,這樣對員工才真正具有激勵作用。

2. 績效考核結果與薪酬調整

人力資源管理者要能夠做到讓員工清楚他們以後幾個月甚至一、兩年內的薪資狀況。這就需要人力資源管理者提前做好一系列工作,給員工一個清楚明朗的薪酬調整制度。

3. 薪酬晉升的設計

第一步:確定調整後想要達到的薪級。

第二步:確保滿足第一步的條件——年度考核總得分。

第三步:確保滿足第二步的條件——各月考核結果等級。

第四步:確保滿足第三步的條件——各月考核得分。

第五步:確保滿足第四步的條件——將績效得分分解到各考核項目上。

如表 2-5 所示:

表 2-5　××公司銷售主管績效計畫表（部分）

考核項目	最高指標/%	考核指標/%	最低指標/%	配分	計分方法	資料來源	考核週期
銷售計畫完成率	110	95	90	50	略	財務部	累計疊加
貨款及時回收率	95	90	85	40	略	財務部	月度
銷售費用率	2	3	4	10	略	財務部	累計疊加

▌操作

設計你公司或阿米巴的薪酬晉升方案。

第二章　阿米巴薪酬策略的創新實踐

第三節
期權激勵：核心人才的專屬方案

阿米巴期權方案在吸引、保留和激勵核心員工，把員工激勵與股東價值互相聯結，讓員工在財務上分享公司的成功等方面具有無可替代的作用，許多企業仍然會將其作為對高階管理者及其雇員提供激勵的首選方式。

一、從全盤薪酬定位期權

阿米巴期權薪酬只是公司薪酬體系的一個工具，企業不能單純從期權薪酬的作用上去設計期權制度，而是要從公司全盤薪酬制度的角度來定位、制定期權薪酬制度。只有這樣，才能避免期權不被看重的尷尬。

例如，企業在上市前階段，當公司推遲或取消上市計畫時，期權方案通常會失去激勵價值。因為，在公司上市之前，授予員工的期權沒有或只有有限的價值，並且會有定價難等實施上的問題。因此，在公司上市計畫相當肯定時才適合實行期權方案。

在可預見的未來公司不計劃上市的情況下，最好使用以現金為基礎的長期激勵計畫。此外，期權薪酬的實施也與公司成長程度密切相關。對於高速成長的公司來說，期權方案

的實施通常會非常成功,因為股價的上升將導致期權持有者獲得實質性的收益,從而顯現出相當的激勵作用。對於具有相對穩定股價的公司來說,則適合與其他長期激勵工具結合使用,如限制性股票或業績計畫。也就是說,期權薪酬制度並不是對所有的公司都非常有效。

對於一個發展相對穩定的公司來說,單一的期權方案可能並不是最合適的長期激勵工具。人力資源部需要確定哪種薪酬工具最適合員工。在這些問題都還沒有明確的前提下,倉促推行期權方案而缺乏全面徹底的考慮,必定會在實施過程中困難重重。

二、期權薪酬方案的設計

期權薪酬方案的設計涉及財務、人力資源、法務及審計等多個部門的合作。在期權薪酬的方案設計階段,人力資源部需要考慮方案的關鍵目標、授予資格和數量、生效條件、估值的基礎(對還沒上市的公司)、分攤影響、終止條款、其他限制性條款等。另外,也需要考慮未來業務的策略和發展、營運模式。

期權薪酬是具有法律效力的,因此方案應包括相關法律文件、實施的詳細計畫等,上報董事會批准後才開始實施。在這個過程中,人力資源與法律部門介入較多,且前者處於

主導地位。某些企業的期權薪酬方案在設計上其實並不乏合理性，但是在實施過程中卻難免出現問題。

設計方案時最經常出現的缺陷是：與公司核心員工的期望和價值不相配。此外，就是缺乏對公司股價可能出現顯著而持續跌落的預期。

一旦出現這種情況，期權激勵很可能就會成為一種負激勵。

> 思考：如何設計阿米巴的期權薪酬方案？

三、阿米巴期薪實施的五個步驟

一旦期權薪酬方案確定下來後，阿米巴就應在實施過程中發揮主導與協調作用，其中最關鍵的是做好與員工溝通的工作。

第一步，阿米巴要確定授予期權的人選。

誰有資格得到公司派發的期權？如何保證公平？這些細節問題都有可能在實施後影響員工士氣。

在這方面，則可將選擇權提交給阿米巴巴長，因為巴長對哪位員工有資格獲得期權更為清楚。但公司也必須要求阿

第三節　期權激勵：核心人才的專屬方案

米巴巴長提供明確的依據，如績效考核結果等。最後的決定權仍然屬於公司總部。

第二步，準備與員工的溝通資料，包括行權操作及相關的培訓手冊。

公司人力資源部根據已經確定的期權方案，製作一系列用於與員工進行溝通的說明文件。對普通員工來講，期權是一個複雜的概念，而期權通常又是有生效限制的，如只有期權持有者在為公司服務了一定時間之後才可以行權。針對這一系列問題，人力資源部都應在事前做好行權操作指南等培訓手冊，讓員工了解期權的行權及有效限制等，避免實施後的各種誤會。

第三步，對阿米巴巴長及員工進行期權方案的培訓。

在期權方案的實施中，最困難的一個方面是就此激勵方案與員工進行溝通，特別是在授予的過程中有內部不平衡的情況發生。建議阿米巴巴長和人力資源部之間進行充分的溝通，確保阿米巴巴長理解期權方案的目的、機制，以及激勵與個人業績和期望之間的連繫。人力資源部針對期權方案的實施目的、疑難問題等對阿米巴巴長及授予員工進行培訓，明確告訴員工行權的程序、限制等。要特別做好阿米巴巴長的培訓，由他們在實施過程中協助輔導員工的溝通工作。

第四步，發放期權。

在這個過程中,人力資源部要與財務及法務部門合作,完成期權的發放。

第五步,日常維護。

期權方案實施後,人力資源部還要做好與員工溝通的工作,解答員工的一些困惑與疑問。例如,行權期到了,員工如何行權等問題。此外,還要追蹤統計員工的行權情況,並根據實施情況提出修改相關條款。

在期權方案實施過程中,人力資源部需要聯絡法律部準備方案的法律文件,需要財務部計算會計成本,需要稅務部門來幫助員工理解稅收影響。此外,在實施過程中,人力資源部需要與阿米巴巴長聯絡,協助他們進行授予和溝通工作。在期權方案的實施中,公司高階管理層的參與是非常重要的。高階管理層的積極參與,可以保證足夠的重視程度和資源的合理分配;同時,也會強調激勵方案的重要性,以及認可被授予員工的業績和貢獻。高階管理者的參與程度越高,公司從期權方案中獲得的員工激勵和保留價值就越高。

■ 操作

設計你公司或阿米巴的期權薪酬方案。

第三節　期權激勵：核心人才的專屬方案

成果 2　人力成本統計與分析

項目			月分											
			1月	2月	3月	4月	5月	6月	7月	8月	9月	10月	11月	12月
收入統計		銷售額												
		實際回款額												
研發系統	人數統計	平均在職人數												
	人力成本總和	員工實發薪資												
		最高主管年薪												

079

第二章 阿米巴薪酬策略的創新實踐

項目			月分 1月	2月	3月	4月	5月	6月	7月	8月	9月	10月	11月	12月
研發系統	人力成本總和	社會保險費用												
		住房退休金												
		其他福利												
	人數統計	平均在職人數												
行銷系統	人力成本總和	員工實發薪資												
		最高主管年薪												
		社會保險費用												

第三節 期權激勵：核心人才的專屬方案

項目			月分	1月	2月	3月	4月	5月	6月	7月	8月	9月	10月	11月	12月
行銷系統	人力成本總和	住房退休金													
		其他福利													
總裁辦	人數統計	平均在職人數													
	人力成本總和	員工實發薪資													
		最高主管年薪													
		社會保險費用													
		住房退休金													

第二章 阿米巴薪酬策略的創新實踐

項目			月分											
			1月	2月	3月	4月	5月	6月	7月	8月	9月	10月	11月	12月
總裁辦	人力成本總和	其他福利												
	人數統計	平均在職人數												
總經辦	人力成本總和	員工賣發薪資												
		最高主管年薪												
		社會保險費用												
		住房退休金												

第三節　期權激勵：核心人才的專屬方案

項目		月分	1月	2月	3月	4月	5月	6月	7月	8月	9月	10月	11月	12月
總經辦	人力成本總和	其他福利												
品管中心	人數統計	平均在職人數												
	人力成本總和	員工實發薪資												
		最高主管年薪												
		社會保險費用												

083

第二章 阿米巴薪酬策略的創新實踐

項目		月分											
		1月	2月	3月	4月	5月	6月	7月	8月	9月	10月	11月	12月
品管中心	人力成本總和												
	住房退休金												
	其他福利												
	人數統計	平均在職人數												
製造系統	人力成本總和	員工實發薪資												
		最高主管年薪												
		社會保險費用												
		住房退休金												

第三節 期權激勵：核心人才的專屬方案

項目			月分											
			1月	2月	3月	4月	5月	6月	7月	8月	9月	10月	11月	12月
製造系統	人力成本總和	其他福利												
	人數統計	平均在職人數												
塑膠射出成型廠		員工實發薪資												
		最高主管年薪												
	人力成本總和	社會保險費用												
		住房退休金												
		其他福利												

第二章 阿米巴薪酬策略的創新實踐

項目		月分											
		1月	2月	3月	4月	5月	6月	7月	8月	9月	10月	11月	12月
人數統計	平均在職人數												
HR總部	員工實發薪資												
	最高主管年薪												
人力成本總和	社會保險費用												
	住房退休金												
	其他福利												

第三節 期權激勵：核心人才的專屬方案

項目		月分	1月	2月	3月	4月	5月	6月	7月	8月	9月	10月	11月	12月
財務總部	人數統計	平均在職人數												
	人力成本總和	員工實發薪資												
		最高主管年薪												
		社會保險費用												
		住房退休金												
		其他福利												

第二章　阿米巴薪酬策略的創新實踐

項目		月分 1月	2月	3月	4月	5月	6月	7月	8月	9月	10月	11月	12月
IT總部	人數統計 — 平均在職人數												
	人力成本總和 — 員工賣發薪資												
	人力成本總和 — 最高主管年薪												
	人力成本總和 — 社會保險費用												
	人力成本總和 — 住房退休金												
	人力成本總和 — 其他福利												

第三節　期權激勵：核心人才的專屬方案

項目			月分											
			1月	2月	3月	4月	5月	6月	7月	8月	9月	10月	11月	12月
	人數統計	平均在職人數												
	人力成本總和	員工實發薪資												
		最高主管年薪												
		社會保險費用												
		住房退休金												
		其他福利												
其他人員														

成果 3　人工成本對比

專案	年度	類型	月分												
			1月	2月	3月	4月	5月	6月	7月	8月	9月	10月	11月	12月	合計
第一事業部	2023年預算	產值													
		直接人工													
		間接人工													
		總人工													
		直接人工比													
		間接人工比													
		總人工比													
	2022年實際	產值													
		直接人工													
		間接人工													
		總人工													
		直接人工比													

第三節　期權激勵：核心人才的專屬方案

專案	年度	類型	月分												合計
			1月	2月	3月	4月	5月	6月	7月	8月	9月	10月	11月	12月	
第一事業部	2022年實際	間接人工比													
		總人工比													
	2023年對比2022年差異	直接差異													
		間接差異													
		總人工差異													
第二事業部	2023年預算	產值													
		直接人工													
		間接人工													
		總人工													
		直接人工比													
		間接人工比													
		總人工比													

第二章　阿米巴薪酬策略的創新實踐

專案	年度	類型	月分												
			1月	2月	3月	4月	5月	6月	7月	8月	9月	10月	11月	12月	合計
第二事業部	2022年實際	產值													
		直接人工													
		間接人工													
		總人工													
		直接人工比													
		間接人工比													
		總人工比													
	2023年對比 2022年	直接差異													
		間接差異													
		總人工差異													

第三節　期權激勵：核心人才的專屬方案

專案	年度	類型	月分												
			1月	2月	3月	4月	5月	6月	7月	8月	9月	10月	11月	12月	合計
彙總	2023年預算	產值													
		直接人工													
		間接人工													
		總人工													
		直接人工比													
		間接人工比													
		總人工比													
	2022年實際	產值													
		直接人工													
		間接人工													
		總人工													
		直接人工比													
		間接人工比													
		總人工比													

第二章 阿米巴薪酬策略的創新實踐

專案	年度	類型	月分												
			1月	2月	3月	4月	5月	6月	7月	8月	9月	10月	11月	12月	合計
匯總	2023年對比2022年	直接差異													
		間接差異													
		總人工差異													

第三章
阿米巴獎金激勵體系

　　阿米巴獎金呈現了員工對阿米巴組織的貢獻。如果員工對阿米巴組織的貢獻大，相應的獎金就多；如果貢獻小，獎金相對就少。獎金的目的在於激勵員工更好地為公司和阿米巴組織創造價值，這也是衡量發放獎金是否成功的標準。只要能達到這個目的，獎金設計方案就是成功的；如果沒有發揮激勵的作用，沒有提高員工的積極性，那麼獎金設計方案就是失敗的。

第三章　阿米巴獎金激勵體系

▌本章目標

① 理解：阿米巴獎金層次。
② 了解：阿米巴獎金的類型。
③ 掌握：阿米巴年度效益獎金設計。
④ 掌握：阿米巴年度效益獎金分配原則與發放方式。
⑤ 掌握：總部職能中心總監級以上人員獎金設計。
⑥ 理解：阿米巴獎金設計的三大導向。
⑦ 操作：阿米巴獎金分配方案。
⑧ 操作：阿米巴收益與獎金總額測算。

▌形成成果

① 阿米巴團隊激勵獎金分配測算表。
② 阿米巴收益與獎金預測。

第一節　獎金體系概述與設計要點

一、阿米巴獎金設計的特點

阿米巴獎金與員工業績密切相關。員工獎金支付根據員工個人季度工作所負的責任、工作績效及完成項目的情況而定，同時也會考慮總薪酬的情況。根據薪酬政策，阿米巴組織每年對薪酬計畫進行審查和修改，以保證阿米巴獎金計畫能在市場競爭和成本方面保持平衡。

阿米巴獎金設計，主要有如下特點：

① 利他雙贏的哲學理念。
② 源自於超越阿米巴經營目標的收益。
③ 公司與本阿米巴進行分配。
④ 對阿米巴單位而不對個人。

> 思考：如何進行阿米巴獎金設計？
> 有哪些需要注意的要素？

二、阿米巴獎金層次

阿米巴獎金層次表現在：第一，任務完成獎金；第二，超額獎金。相關內容如表 3-1、表 3-2 所示：

表 3-1　任務達成比例

達成率 Z	Z＜60%	60%＜Z≤70%	70%＜Z≤80%	80%＜Z≤90%	90%＜Z≤100%
激勵係數	0	0.6	0.8	0.9	1.0

表 3-2　利潤超額獎金比例

超額利潤	超額比例區間 X1～X5	阿米巴獎金比例/%	任務超額獎金 B1～B5 計算公式
M1	X1＜10%	30	B1 = M1×30%
M2	10%≤X2＜30%	35	B2 = B1 +（M2 － M1）×35%
M3	30%≤X3＜60%	40	B3 = B1 + B2 +（M3 － M2）×40%
M4	60%≤X4＜100%	45	B4 = B1 + B2 + B3 +（M4 － M3）×45%
M5	100%≤X5	50	B5 = B1 + B2 + B3 + B4 +（M5 － M4）×50%

三、阿米巴獎金設計順序

阿米巴的獎金設計有兩種：第一種是自上而下設計；第二種是自下而上設計。如圖 3-1 所示。

第一節　獎金體系概述與設計要點

這是兩種不同的設計方向：

第一，自上而下設計。只設計上一級阿米巴的獎金總額，由其統籌下一級獎金情況。

我們只設計上級阿米巴的獎金總額，下面好幾個阿米巴就不管了，即交給上級阿米巴巴長去負責。

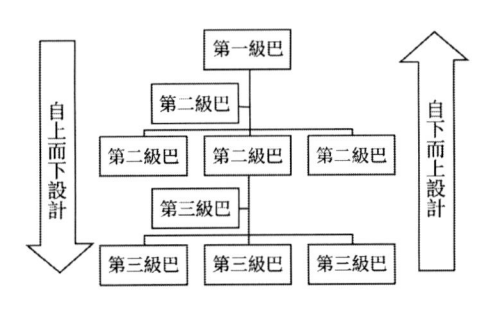

圖 3-1 阿米巴獎金設計順序

如一家公司進行獎金設計，做到第二級阿米巴為止。至於第三級阿米巴的獎金怎麼發，第二級阿米巴巴長說了算。這是自上而下的。

第二，自下而上設計。從最底層阿米巴開始設計，形成複合阿米巴。

我們先設計第三級阿米巴，之後設計第二級阿米巴，接著設計第一級阿米巴。

但通常情況下，每一個上級阿米巴都包含一個或一個以上的第二級阿米巴，這就形成一個複合阿米巴。

第三章　阿米巴獎金激勵體系

> 思考：阿米巴獎金設計的順序是什麼？

所以，自下而上設計的時候要注意，上一級阿米巴只有確定下一級各個阿米巴都完成了一定的業績比例，或者是整個阿米巴都完成了一定業績比例的時候，才能拿到獎金。

第二節　獎金激勵類型及其適用場景

阿米巴獎金薪酬設計,主要包括績效獎、專案獎、年終獎、全勤獎、超產獎和節約獎等類型。

> 思考:你所在公司或阿米巴,主要採用哪些獎金類型?

其類型見表 3-3:

表 3-3　阿米巴獎金薪酬設計的類型

獎金類型	獲獎方法	獎勵標準
績效獎	以員工個人為分配單位,根據當月績效考核情況確定獎勵額	生產成本、數量、品質和產品交貨率
專案獎	以產品研究、開發和生產小組為分配單位,根據其在生產過程中的貢獻值確定	產品的技術成分、成本回收期或生命週期,以及經濟效益
年終獎	以員工個人為分配單位,總量不超過年度效益的0.5%;不滿一個年度員工的年終獎金按一定比例發放	員工職位職級和年度考核結果、企業的年度效益

第三章　阿米巴獎金激勵體系

獎金類型	獲獎方法	獎勵標準
全勤獎	以節約生產成本的員工個人或團體為分配單位，獎金率按照成本高低和降低消耗的難易程度計算	當月考勤全勤，無無故遲到、早退紀錄
超產獎	以員工個人為分配單位，一般按月規定額度	合格產品生產數量，生產提前期
節約獎	以生產小組或生產線為分配單位，由生產管理部門規定獎勵比例，小組或生產線全員分攤	生產成本的實際消耗量和節約量

　　生產型企業，生產阿米巴與銷售阿米巴獎金一般獨立計算和評核（見表 3-4），獎金比例由企業參考相關產業獎金水準和自身經濟情況來確定（以不同層級員工獎金薪酬設計方案範例作參考）。要強調的是，薪酬常與績效考核掛鉤。

表 3-4　生產阿米巴與銷售阿米巴獎金設計

內容	說明
生產阿米巴	1. 按目標利益達成率發放，最高限額為固定基數的 20%，達成率低於 80%，不計提獎金。 2. 主要評核項目包括產量（超產、因不可抗力導致的減產、試製品成本）、主材料耗用量、生產成本（直接人工、間接人工、器材消耗費、維護保養費）、成品品質、客戶投訴

第二節　獎金激勵類型及其適用場景

內容	說明
銷售阿米巴	1. 按目標利益達成率核發獎金，獎金比例自定；規定達成率，低於達成率，不計提獎金。 2. 主要評核項目包括營業額或銷售量、行銷費用（薪資、運費、文具印刷費、交通費、修護費）、應收帳款週期、客戶投訴

第三節
年度效益獎金的設計與分配原則

一、成品阿米巴年度效益獎金總額計算方式

阿米巴年度效益獎金總額 T ＝（任務達成獎金 A ＋任務超額獎金 B）× 阿米巴年終綜合考核得分 /100

1. 任務達成獎金 A

（1）當實際利潤 ≤ 目標利潤時，適用以下計算公式：

任務達成獎金 A ＝達成率 × 實際利潤 × 獎金比例① × 激勵係數②

達成率＝實際利潤 ÷ 目標利潤 ×100％ ≤1（下同）

（2）當實際利潤 ＞ 目標利潤時，適用以下計算公式：

任務達成獎金 A ＝達成率 × 目標利潤 × 獎金比例① × 激勵係數②

（3）計算公式中的因素說明：

①獎金比例。

a.2023 年獎金比例確定方法：

獎金比例＝（阿米巴巴長 2022 年紅包＋ 2023 年員工獎金總額預算）÷2023 年目標利潤

員工獎金總額預算＝（∑間接人員預算薪資÷12×0.8）＋（直接人員編制人數×2,500元）

b.2022年、2023年獎金比例確定方法：

獎金比例＝上一年度（任務達成獎金A＋任務超額獎金B）÷上一年度實際利潤

②激勵係數（見表3-5）。

表3-5 任務達成與激勵係數對照表

達成率Z	Z≤60%	60%<Z≤65%	65%<Z≤70%	70%<Z≤75%	75%<Z≤80%	80%<Z≤85%	85%<Z≤90%	90%<Z≤95%	95%<Z<100%	Z≥100%
激勵係數	0	0.2	0.3	0.4	0.5	0.6	0.7	0.8	0.9	1

③年終綜合考核得分

各阿米巴綜合考核指標與評分規則，另見企管部相關規定。

2. 任務超額獎金B

(1)當實際利潤＞目標利潤時，阿米巴除享有上述項規定任務達成獎外，還享有本條規定任務超額獎金。具體計算公式如下：

任務超額獎金B＝∑（超額利潤①×超額比例區間獎金比例②）

(2)計算公式中的因素說明：

①超額利潤 M1～M5＝實際利潤－目標利潤。

②超額比例區間獎金比例＝（實際利潤－目標利潤）÷目標利潤×100％。

2021年各阿米巴的超額利潤與獎金比例、計算公式見表3-6。

表3-6　2021年各阿米巴超額利潤與獎金比例對照表

超額利潤	超額比例區間 X1～X5	阿米巴獎金比例/％	任務超額獎金 B1～B5 計算公式
M1	X1＜30％	5	B1＝M1×5％
M2	30％≤X2＜50％	10	B2＝B1＋(M2－M1)×10％
M3	50≤X3＜70％	15	B3＝B1＋B2＋(M3－M2)×15％
M4	70％≤X4＜100％	20	B4＝B1＋B2＋B3＋(M4－M3)×20％
M5	100％≤X5	25	B5＝B1＋B2＋B3＋B4＋(M5－M4)×25％

二、配套阿米巴年度效益獎金計算方式

阿米巴年度效益獎金總額 T ＝ 獎金核算利潤 × 獎金比例 × 阿米巴年終綜合考核得分 /100

(1) 配套阿米巴獎金核算利潤計算。

獎金核算利潤 ＝ 阿米巴總利潤 － 原材料成本降低利潤

(2) 配套阿米巴無超額獎金，獎金比例計算方法、年終綜合考核等計算同成品阿米巴。

三、成品阿米巴確定三年利潤目標獎勵辦法

如果在簽訂阿米巴總經理 2016 年協議時，不能一次性確定 2017 年、2018 年利潤目標，則由阿米巴總經理與集團總裁每年重新確定一次年度業務計畫及各項目標與預算。基礎資料每年根據實際情況或預算而變更，同時每年簽訂一次阿米巴總經理協議。

如果在簽訂阿米巴總經理 2016 年協議時，能夠一次性確定 2017 年、2018 年利潤目標，則薪資率以 2016 年為準，3 年不變，獎金按以下計算公式處理：

年度效益獎金總額 ＝（實際利潤 × 上年度獎金比例① × 區間獎勵係數②）× 年終綜合考核得分 /100

① 上年度獎金比例＝(任務達成獎金 A ＋任務超額獎金 B)÷上年利潤。

② 區間獎勵係數，見表 3-7。

表 3-7 利潤成長比例與獎勵係數對照表

成長區間	$Z1 < 0$	$0 \leq Z2 < 20\%$	$20\% \leq Z3 < 30\%$	$30\% \leq Z4 < 50\%$	$50\% \leq Z5$
獎勵係數	0.8	0.9	1.1	1.2	1.3

利潤成長比例選擇說明如下：

① 各阿米巴可分別選擇 2015 年和 2016 年的成長比例 Z1～Z5（兩年成長比例未必需要一致）。

② 每年實際成長目標≥選定的成長目標時，按選定的成長區間所對應的獎勵係數計算獎金總額。

③ 每年實際成長目標＜選定的成長目標，但在 Z2 範圍內時，按 Z2 的獎勵係數計算獎金總額。

第四節
年度效益獎金分配原則與發放方式

一、分配原則

1. 授權原則

集團授權阿米巴巴長提交獎金分配方案,任何其他單位或個人不得無故干涉。

2. 監審原則

阿米巴巴長在提交獎金分配方案後,交集團財務中心稽核資料的準確性,交人力資源中心稽核一般公平性,最後交總裁批准。

3. 優先原則

阿米巴年度效益獎金分配採用優先原則,按照直接員工→間接員工→阿米巴巴長順序。

4. 共享原則

當阿米巴獲得獎金,尤其是獲得超額任務獎金時,應當拿出部分獎金與上下游相關單位或個人、集團相關的單位或個人共享。共享金額與共享形式不限,包括直接分配獎金、聚餐、共同培訓等。

5. 預留原則

　　從每年的獎金總額中至少預留 10%作為乙方任期期滿的離任審計抵押金，審計無誤後，阿米巴總經理方可另行提擬分配方案。

二、發放方式

① 首要的就是參考阿米巴巴長的紅包、間接人員 0.8 的係數、直接人員平均 2,500 元的歷史標準。
② 其中阿米巴巴長個人不超過本巴獎金總額的 50%。
③ 分配到個人後，每年春節前發放 60%，另外 40%與 6 月薪資同期發放。
④ 各阿米巴巴長正常離任、離職（按集團現行制度規定），不影響獎金發放的金額與日期。

第五節
總部與中高層管理的獎金設計

一、年終獎金設計

固定薪資部分以 2021 年實際資料為基準,根據公司相關制度進行年度調薪。

年終獎金從 2022 年開始,按以下公式計算:

個人年終獎金總額＝ 2021 年實發金額 × 個人年度考核係數 × 集團業績係數

個人年度考核以企管部統一設計並經總裁稽核為準,最高係數為 120％。

集團業績係數＝(集團實際銷售額÷目標銷售額)×40％＋(集團實際利潤÷目標利潤)×60％

其中,「利潤」是指稅前利潤。

二、特別獎設計

凡是能夠直接降低成本或增加銷售收入、利潤的項目,均可設立特別獎,具體由各中心申報、集團人力資源中心稽核,總裁批准。

第三章　阿米巴獎金激勵體系

第六節
三大導向下的獎金設計策略

企業採用阿米巴經營模式，主要面臨兩方面的問題：一是企業無法招募到高素養的人才；二是企業的人員一旦成長為高素養人才，就面臨著其他企業「挖角」的局面。因此，企業如何留住核心人員，做好人員的激勵工作，成為阿米巴單位對人員管理的核心問題。

員工獎金設計的問題反映了公司目標實現的程度，也更多呈現了企業員工的業績表現，而且，合理的獎金制度是對阿米巴成員發展的強大動力，會為企業帶來更好的績效，增強企業競爭力。

經過多年的企業實踐和研究，我們認為阿米巴激勵要注重員工的薪資與獎金的連繫，並且阿米巴獎金設計方案要注重以下三個導向。

一、能力導向

以能力導向為主進行獎金設計。對於阿米巴成員來說，比起固定薪資的發放，也許更加關注企業分紅制度的設計，要求企業的獎金分配盡可能公平。所以，此時實行以能力為導向的獎金設計方案，可能會提高有此類需求的員工的滿意

度。以能力為導向的獎金設計,要求不同能力的員工得到不同的獎金。

因此,為了更好地實行以能力為導向的獎金設計,可以透過設定獎金係數來反映員工的能力。根據獎金係數的不同而給予不同的獎金,使能者多勞,即員工的獎金係數越高,獲得的獎金也就越高。如此可以使企業銷售人員獲得更好的個人績效,激發其工作積極性,進而提高公司整體的經營業績。

二、團隊導向

以團隊導向為主進行獎金設計。以銷售阿米巴為例,大多銷售專案需要企業行銷人員以阿米巴團隊的形式進行。此時實行以團隊導向為主的獎金設計,將企業的獎金直接發放到銷售阿米巴團隊,而不是員工個人,會在更大程度上激發銷售阿米巴成員的工作積極性,促進銷售阿米巴成員間的交流、溝通與合作,也將會在更大程度上提高整個團隊的銷售業績。以團隊導向為主的獎金設計,是對獲得高業績表現的銷售阿米巴給予更高的獎金總額。

三、業績導向

以業績導向為主的獎金設計。進行以業績導向為主的獎金設計,首先需要將企業的銷售目標進行分級,通常銷售目

標可分為初階銷售目標、中階銷售目標、高階銷售目標等類別。其中，不同的銷售目標應該對應不同的獎金激勵制度。其次將員工業績納入考核體系，作為獎金發放的依據，有利於企業由原來粗放式的簡單管理步入系統化、科學化和精細化管理的軌道。

但是在進行以業績導向為主的獎金設計時，阿米巴巴長需要重點注意銷售人員的績效溝通、績效回饋和績效輔導，使企業在因為制定業績目標過高導致員工無法完成目標時，能夠進行及時的監控，更早地發現問題，進行問題的溝通回饋，適當地調整或降低銷售目標，從而切實幫助企業的銷售人員實現自身的銷售目標。

企業採用阿米巴經營模式，如何進行阿米巴成員的薪酬設計，尤其是獎金制度的設計，達到最佳的激勵模式，是企業實現利益最大化的重點。好的獎金設計制度，不僅可以節約企業的人力資源管理成本，還可以在更大程度上激勵阿米巴單位創造更高的工作業績。因此，透過上述獎金設計的三個導向即能力導向、團隊導向、業績導向的相互結合，可以有效地實現阿米巴成員獎金分配的合理設計，從而更加積極地發揮正向的激勵作用，以更好地提高阿米巴的運作效率，實現阿米巴業績的有效成長。

第七節
獎金分配方案的實施與應用

阿米巴獎金要分,怎麼分?計算獎金不限金額,但發獎金要限制。你最多拿上三個月的,或者說最多拿到去年獎金額的兩倍或三倍。多出來的獎金部分,全部轉股,我們稱之為「獎金轉股」。

阿米巴獎金分配方案不是簡單的發放獎勵,其發放的目的應配合公司未來的發展策略,以實現公司、阿米巴組織、股東、員工等多方雙贏的局面。

一、阿米巴獎金分配方案應實現的目標

① 透過發放阿米巴獎金,激勵員工士氣,滿足員工生存與發展的需求,化解內部矛盾與降低不公平感,並提升員工滿意度與企業歸屬感,強化員工對公司文化的認同感。

② 透過阿米巴獎金分配方案制度的實施,提高公司及阿米巴的薪酬管理水準,使之能有效引導員工發展方向,提高員工的工作效率,降低員工流失率,特別是防止核心人才的流動。以短期激勵和長期激勵相結合的方式,吸引優秀核心人才,從而為企業節約人力資源成本(包括招募、在職培訓、解聘、薪資支出等)。

③ 透過將阿米巴獎金與公司業績，員工個人能力、職級、工作表現等指標相連結的方式進行合理分配，展現公司績效考核的權威性。在獎金發放的過程中，對員工進行管理制度的在職指導，提升員工對企業績效考核制度的服從性與認同度，進而從公司策略管理的角度來引導員工積極配合公司未來策略目標的實施。

二、阿米巴獎金分配方案需要考慮的問題

④ 阿米巴獎金應如何合理分配方能表現其內部公平性？
⑤ 阿米巴獎金發放如何與績效考核制度充分結合？
⑥ 在阿米巴獎金額度制定過程中，是否給予各管理層級相應授權以參與下屬員工個人獎金總額評定？
⑦ 阿米巴獎金是否需要考慮同業獎金分配水準，以使公司薪資待遇具備競爭力？
⑧ 阿米巴獎金分配制度的制定是否需要考慮延續性與前瞻性？
⑨ 阿米巴獎金分配金額是否需要考慮員工的接受度與滿意度？

三、阿米巴獎金分配原則

1. 內部公平性與外部競爭力相結合的原則

阿米巴獎金的分配，需要考慮本公司的薪酬競爭力。好的待遇在一定程度上能吸引大量優秀的人才，從而為阿米巴

組織建立一支強而有力的團隊。用薪酬制度規範指導員工的工作行為，使能者多得，為公司創造更多效益。

2. 因需而變的層級差異性原則

不同層級員工在獎金分配的認知和獎金制定要素偏好方面存在很大差異，所以在具體的獎金分配方案設計中要遵循因需而變的層級差異性原則。

3. 阿米巴利益與個人收益相結合的原則

在阿米巴獎金設計的過程中，應表現阿米巴利益與員工個人利益緊密結合的關係。如果沒有阿米巴利益的長遠發展，個人利益的實現也無從談起。

四、阿米巴獎金核定方式

1. 獎金總額確定

年終獎金總額可採用以下方式核算：

(1) 把全年營業總額結合公司全年銷售目標完成比例，按不同等級計提。

說明：先按公司全年營業總收入確定基數百分比計提獎金總額，然後再按實際營業收入與原定目標的完成比例確定實際獎金總額。

(2) 按公司全年實現的利潤總額完成比例，按不同等級比例計提。

說明：由財務部核算全年稅後淨利潤，由董事會決定提留股東權益、分紅、公司提留資金比例後，按剩餘比例乘以目標利潤完成比例確定獎金總額。

2. 阿米巴獎金功能結構確定

阿米巴獎金總額確定後，按獎勵功能不同來劃分比例。

基礎獎金：約占 60%，按職能部門職責與重要性的不同，分配到各部門。

部門獎金：約占 30%，按部門整體考核不同，以優秀、良好、一般為三個等級，劃分比例，分配到各部門，由各部門主管酌情分配到個人或作為部門公共基金。

個人優秀表現獎：約占 6%，用於獎勵全勤員工、優秀員工、有特殊貢獻的員工及有家庭困難的員工。

福利獎：約占 4%，用於春節福利或公司年會抽選幸運獎。

五、如何按管理層級分配獎金額度

獎金是按收入總額進行階段核算的，在不同的階段對高、中、基層員工按比例進行分配，見表 3-8：

第七節　獎金分配方案的實施與應用

阿米巴：

表 3-8　阿米巴獎金分配表

員工級別	薪資/元	人數/人	薪資總額/元	任務/元	實際完成任務1/元	獎金/元	實際完成任務2/元	獎金/元	實際完成任務3/元	獎金/元
高層	8,000	3	2.4萬	100萬	100萬	0	110萬	4,000	150萬	2.4萬
中層	6,000	6	3.6萬			3,000		6,000		9,000
基層	3,000	20	6萬			4,500		5,400		1,500

119

從表 3-8 中可以看出：

第一，在只完成了目標任務的時候，基層員工獲得獎金最多。這說明企業高層領導者的決策對增加收入沒有產生任何作用，此時是基層員工的作用最大，因此這個階段應該向基層員工分配較多獎金。

第二，當實際完成任務超出目標任務一點點的時候，企業高層領導者和中層管理者獲得的獎金有所提高。這說明在此階段，企業中高層領導人的決策對增加收入發揮了一定的作用，但還是基層員工起主導作用。

第三，當實際收入大大超出目標收入的時候，企業高層決策者獲得最高的獎金分配。這說明在此階段，發揮決定作用的是企業高層了，因此企業高層應獲得更多的獎金。

▎操作

設計一個阿米巴獎金方案。

第七節　獎金分配方案的實施與應用

成果 4　阿米巴團隊激勵獎金分配測算表

事業部實際利潤/萬元	完成率/%	團隊激勵獎金/萬元	總經理建議獎金		工人建議獎金		核心管理人員建議獎金		普通管理人員建議獎金	
			獎金占比/%	獎金額/元	獎金占比/%	每人平均獎金/元	獎金占比/%	每人平均獎金/元	獎金占比/%	每人平均獎金/元

說明：實際完成率為 x，當完成率為 90% < x≤100% 時，獎金提取比例為 10%；當完成率為 100% < x≤110% 時，獎金提取比例為 20%；當完成率為 110% < x≤120% 時，獎金提取比例為 30%；當完成率為 x > 120% 時，獎金提取比例為 40%。

第三章 阿米巴獎金激勵體系

第八節
收益與獎金總額測算模型

阿米巴收益預測是根據已知資訊來預測能得到的收益。收益預測一般包括目標利潤、實際利潤、完成率、獎勵比例和獎勵總額等。

阿米巴獎金總額預測，是指阿米巴透過實施多種薪酬激勵分配模式，有利於深化阿米巴獎勵與分配制度，使阿米巴組織可以根據員工的工作特點，利用不同的分配方式來帶動員工的工作積極性和主動性；有利於形成把理論與實際結合、根據實際情況，人盡其才、才盡其用的濃厚氛圍；有利於穩定阿米巴人才團隊。預測將收到較好的效果，從而最大限度地發揮薪酬分配的激勵作用。

一、阿米巴收益預測

阿米巴收益預測，是對阿米巴組織未來某一時期可實現利潤的預計和測算。它是按影響阿米巴利潤變動的各種因素，預測阿米巴組織將來所能達到的利潤水準；或按實現目標利潤的要求，預測需要完成的銷售量或銷售額。而且，根據獎勵比例計算出獎勵總額。

目標利潤就是指阿米巴計畫期內要求達到的利潤水準。

它既是阿米巴生產經營的一項重要目標，又是確定阿米巴計畫期銷售收入和目標成本的主要依據。正確的目標利潤預測，可促使阿米巴為實現目標利潤而有效地進行生產經營活動，並根據目標利潤對阿米巴經營效果進行考核。

二、阿米巴獎金總額的測算

首先確定阿米巴獎金總額，其次確定各級管理者所獲獎勵的人數、每人平均獎勵金額，以及所占比例等。

阿米巴團隊創造盈利以支付成員的報酬，阿米巴獎金分配方案由各阿米巴組織經營者制定，阿米巴經營盈利水準是幹部考核、調整最重要的依據。阿米巴領導者必須能夠持續穩定完成盈利目標和單位時間核算目標，才可以晉升。

1. **獎金總額的控制趨勢**（如圖 3-2 所示）

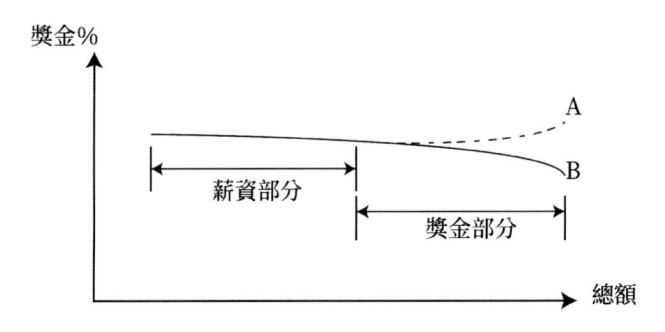

圖 3-2 獎金總額的控制趨勢

第三章　阿米巴獎金激勵體系

2. 獎金總額的測算 —— 直接比例法（如圖 3-3 所示）

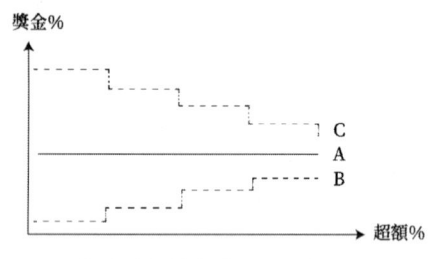

圖 3-3 獎金總額的測算 —— 直接比例法

3. 獎金總額的測算 —— 間接比例法（如圖 3-4 所示）

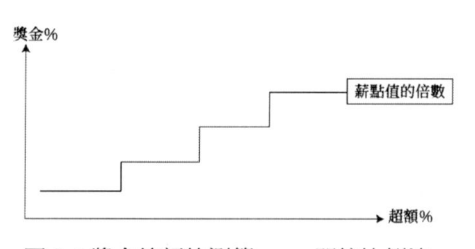

圖 3-4 獎金總額的測算 —— 間接比例法

成果 5　阿米巴收益與獎金預測

收益預測						
目標利潤	實際利潤	完成率	獎金比例	獎金總額	簡要說明	
合計獎金總額						

第八節　收益與獎金總額測算模型

續表

獎金與分配預測		
獎金總額		
高階管理者獎金	人數	
	每人平均	
	總額	
	占比	
中層管理者獎金	人數	
	每人平均	
	總額	
	占比	
普通員工獎金	人數	
	每人平均	
	總額	
	占比	
……	人數	
	每人平均	
	總額	
	占比	

第三章 阿米巴獎金激勵體系

阿米巴獎金測算方法主要有銷售收入法、稅前利潤法、超額利潤法，具體見表 3-9。

表 3-9 阿米巴獎金測算方法

方式	確定依據	計算公式	發放週期	適用情況
銷售收入法	根據已完成的銷售收入，提取一定比例獎金額度	總銷售額 × 獎勵係數	根據銷售回款情況，按季度發放	阿米巴負責全面運作管理
稅前利潤法	根據阿米巴最終實現的稅前利潤，提取一定比例獎金額度	阿米巴稅前利潤 × 獎勵係數	專案結算完成後發放	阿米巴獨立核算、自主經營
超額利潤法	阿米巴最終淨利潤額，扣除目標淨利潤額，提取一定比例獎金額度	阿米巴超額利潤 × 獎勵係數	專案結算完成後發放	阿米巴負責全面運作管理

第四章
阿米巴股權激勵的策略意義

　　你想當阿米巴巴長，必須成為股東，這是條件。阿米巴巴長是透過競聘產生的，薪酬很高。

　　企業採用阿米巴經營模式之後，隨著公司股權的日益分散和管理技術的日益複雜化，企業為了合理激勵阿米巴管理人員，創新激勵方式，紛紛推行了股權激勵機制。股權激勵是一種透過阿米巴經營者獲得公司股權形式來給予其一定的經濟權利，使他們能夠以股東的身分參與阿米巴決策、分享利潤、承擔風險，從而勤勉盡責地為阿米巴長期發展服務的激勵方法。

| 第四章　阿米巴股權激勵的策略意義

▎本章目標

① 掌握：阿米巴股權激勵方式方法。

② 操作：股權激勵「9D」模型。

▎形成成果

股權激勵的「9D」模型。

第一節
股權激勵的模式與價值

阿米巴股權激勵是一種使阿米巴員工能夠以股東的身分參與企業決策、分享利潤、承擔風險，從而勤勉盡責地為公司的長期發展服務的激勵方法。

在不同的激勵方式中，薪資主要根據阿米巴員工的資歷條件和公司情況、目標業績預先確定，在一定時期內相對穩定，與公司目標業績的關係非常密切。獎金一般以超目標業績的考核來確定，因此與公司的短期業績表現關係密切，但與公司的長期價值關係不明顯。員工有可能為了短期的財務指標而犧牲阿米巴的長期利益，但是從股東投資角度來說，他更加關心的是公司和阿米巴長期價值的增加。

為了使員工關心公司、關心阿米巴利益，需要使員工和公司或阿米巴的利益追求盡可能趨於一致。對此，股權激勵是一個較好的解決方案。透過讓員工在一定時期內持有股權，享受股權的增值收益，並在一定程度上以一定方式承擔風險，可以使員工在經營過程中更加關心公司的長期價值。股權激勵對防止員工的短期行為，引導其長期行為具有較好的激勵和約束作用，如圖 4-1 所示。

第四章 阿米巴股權激勵的策略意義

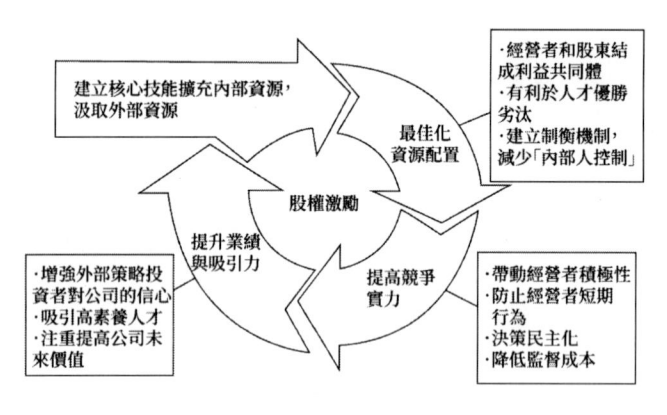

圖 4-1 阿米巴股權激勵

一、阿米巴股權激勵的特點

1. 長期激勵

從員工薪酬結構來看,股權激勵是一種長期激勵。員工職位越高,其對公司業績影響就越大。股東為了使公司能持續發展,一般都採用長期激勵的形式,將這些員工利益與公司利益緊密地連繫在一起,構築利益共同體,減少代理成本,充分有效發揮這些員工的積極性和創造性,從而實現公司目標。

2. 人才價值的回報機制

人才的價值回報不是薪資、獎金就能滿足的,有效的辦法是直接對這些人才實施股權激勵,將他們的價值回報與公

司持續增值緊密連繫起來，透過公司增值來回報這些人才為企業發展所做的貢獻。

3. 公司控制權激勵

股權激勵可使員工參與關係到企業發展的經營管理決策中，使其擁有部分公司控制權。這樣一來，員工不僅關注公司短期業績，還會關注公司長遠發展，並真正對此負責。

二、阿米巴股權激勵的關鍵點

1. 激勵模式的選擇

激勵模式是股權激勵的核心問題，直接決定了激勵的效用。

2. 激勵對象的確定

股權激勵是為了激勵員工，平衡企業的長期目標和短期目標，特別是關注企業的長期發展和策略目標的實現。因此，確定激勵對象必須以企業策略目標為導向，即選擇對企業策略的實施最具有價值的人員。

3. 購股資金的來源

由於鼓勵對象是自然人，因而資金的來源成為整個計畫過程的一個關鍵點。

4. 考核指標設計

股權激勵的行權一定與業績相連,其中一個是企業的整體業績條件,另一個是個人業績考核指標。

> 思考:阿米巴為什麼要進行股權激勵?不實施股權激勵的後果是什麼?

第二節
核心員工激勵的多元策略

一、阿米巴股權激勵的方式

股權激勵的方式有很多種，我們重點介紹以下幾種方法：

1. 股份轉讓

股份轉讓是透過股票的轉讓而實現的。股票轉讓是指股票所有人把自己持有的股票讓與他人，從而使他人成為公司股東的行為。也就是說，企業老闆將阿米巴的股份以一定的價格轉讓給阿米巴成員。

2. 資產增值轉股

例如，一個阿米巴不可能把當年的利潤全部分光，肯定有一部分利潤要轉到第二年的資產裡面去，那麼這部分增值的資產也可轉換為公司股份。

3. 股份期權

期權激勵既是對員工進行長期激勵的一種方法，也是股權激勵的一種典型模式。

透過在公司中進行的相關股票期權計畫的嘗試，以期能

第四章　阿米巴股權激勵的策略意義

夠更好地激勵阿米巴經營者、改善阿米巴的治理結構。

期權激勵的授予對象主要是阿米巴的高階管理人員。這些員工在公司中的作用是舉足輕重的，他們掌握著阿米巴的日常決策和經營，因此是激勵的重點。另外，阿米巴的技術菁英也是激勵的主要對象。

比如，一個阿米巴今年的利潤目標是 1,000 萬元，如果阿米巴實現了 1,000 萬元以上的利潤，而且是三年連續成長，那麼公司就給這個阿米巴 10% 的股份。

4. 增資擴股

增資擴股是指阿米巴向社會募集股份、新股東投資入股或原股東增加投資擴大股權，從而增加阿米巴的資本金。

如果一個阿米巴的資產是 1,000 萬元，巴長要跟投，投多少呢？至少 10% —— 100 萬元。那麼，阿米巴的資產就由以前的 1,000 萬元，加上巴長的 100 萬元，變成 1,100 萬元了。

> 思考：你公司進行阿米巴股權激勵，主要採用那些方式？

二、阿米巴股權激勵方法

股權激勵員工的核心：用明天的財富激勵今天的員工；用社會的財富激勵自己的員工。

1. 先持有本巴股份，必要時折算成公司股份

可以讓阿米巴的成員先持有本巴的股份，不要一開始就拿公司的股份。

例如，在一家企業裡，你是塑膠工廠阿米巴的成員，你就拿塑膠工廠阿米巴的股份。你是組裝阿米巴的人員，你就拿組裝阿米巴的股份。那麼好了，雷射電子阿米巴、塑膠阿米巴、組裝阿米巴，三個阿米巴形成一個製造工廠阿米巴，那麼你就拿這個部分的股權就可以了。

如果你是一家公司的地區行銷負責人，那你就拿這個地區區域阿米巴的股權就可以了。

本巴股份在必要時折算成公司股份。股權已經給阿米巴成員了，如果公司準備上市，要麼把員工的股權抹掉，要麼就把阿米巴的股份轉為公司的股份。每個阿米巴的股權透過它的資產進行折算，最後形成公司的股份。也就是說，在以前的阿米巴單位，一個員工占了20%的股份，但折算成公司的股份之後，可能只占0.1%。

第四章　阿米巴股權激勵的策略意義

> 思考：在你的公司中，阿米巴股權激勵的方法有哪些？

2. 選擇最佳方法

誠然，股權激勵是非常重要的一種長期激勵方式，但是若採取不合適的方法，也會帶來無盡的煩惱。阿米巴在實施股權激勵時，應該明確實行激勵計畫的目的，透澈分析阿米巴內外部的情況，從而選擇最佳的激勵方式。

長期激勵是在市場經濟下，企業為實現其整體利益的現實選擇。長期激勵機制能夠最佳化資源配置、提高競爭實力，從而提升公司業績。

在股權激勵操作上，主要有現金購買、分紅回填、業績轉股等。

> 思考：你如何理解「用明天的財富激勵今天的員工；用社會的財富激勵自己的員工」？

第三節
股權激勵「9D」模型的運用

企業在阿米巴實施股權激勵，是否有以下困惑：

① 出讓多少股份？（這次拿出多少股份來激勵員工較合適？那下一次呢？）

② 如何分配股權？（分給誰？怎麼科學地將這部分股權分給員工而不至於出現好心辦壞事的情況？）

③ 虛實如何選擇？（選擇虛股、實股，還是期股、期權？老闆和員工的想法幾乎完全相反！）

④ 以什麼價格出讓？（贈送、1塊錢，還是打折、溢價？錢雖然不是最重要的，但哪種才更有激勵作用？）

⑤ 要公開報表嗎？（對他們公開吧，有潛在危險；不公開吧，他們不信任怎麼辦？）

⑥ 員工會中途跑掉嗎？（得到股權的員工中途跑掉怎麼辦？怎麼才能讓他們喪失股權？）

⑦ 會影響投資嗎？（再投資的企業他們也要分紅嗎？會妨礙我收購、出售、上市嗎？）

……

第四章　阿米巴股權激勵的策略意義

股權激勵實施的成敗關鍵在於掌握以下兩點：一是如何設計股權激勵方案；二是如何完善和實施既定股權激勵方案。

因此，根據豐富的股權激勵專案諮詢經驗，我總結出股權激勵的「9D」模型，有效落實了「如何設計股權激勵方案」和「如何完善和實施既定股權方案」的問題。

何謂股權激勵的「9D」模型？即結合不同類型、不同發展階段的企業特點和需求，獨創的股權激勵設計和實施控制模型。針對不同企業現狀與發展前景，提供「量身打造」的股權激勵方案與保證實施效果的應對策略（如圖 4-2 所示）。

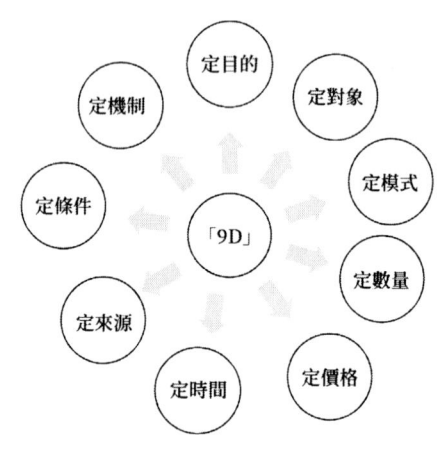

圖 4-2 股權激勵的「9D」模型

第三節　股權激勵「9D」模型的運用

■ 成果 6　股權激勵的「9D」模型

序號	名稱	介紹
1	定目的	確定股權激勵的目的，如果僅僅是為了留住人才，那太浪費股權了！股權激勵可以達到很多目的，但不同的目的需要選擇不同的股權激勵方式。 主要目的：提高業績、回報老員工、降低成本壓力、吸引並留住人才、股權釋「兵權」
2	定對象	在阿米巴組織中，你要確定激勵的對象有哪些？即股權應該給哪些人？給多少人？根據什麼條件給？ 確定股權的授予對象，即期權的持有人，通常由董事會決定，偏重公司的董事、高階管理人員，以及對公司未來發展有直接影響的管理層菁英和核心技術人員。除此以外的人員成為激勵對象的，公司應在備案資料中論證其作為激勵對象的合理性。要綜合考慮員工的職務、業績和能力等因素

第四章 阿米巴股權激勵的策略意義

序號	名稱	介紹
3	定模式	確定合適的股權激勵模式： 一從企業類型來看 中小型企業：青睞虛擬股票（股份）和帳面價值增值權等模式。 非上市企業：通常使用期權、員工持股計畫、虛擬股票（股份）等模式。 上市公司：股票期權、業績股票、延期支付等模式是首選。 一從激勵對象來看 經營者和高階管理人員：期股、業績股票、股票期權。 管理層菁英和技術菁英：限制性股票、業績股票。 業務部門負責人或銷售業務菁英：業績股票、延期支付
4	定數量	總共拿出多少股份？如何分配到個人？ 股權總量：不超過公司股本總額的10%，首次實施激勵計畫授予的股權數量應控制在股本總額的1%以內。 股權個量：任何一名激勵對象獲授的本公司股權累計不得超過公司股本總額的1%，高階管理人員個人股權激勵預期收益水準，應控制在其薪酬總水準的30%以內。 高層：中層：一般主要員工＝4：2：1

第三節　股權激勵「9D」模型的運用

序號	名稱	介紹
5	定價格	如何計算公司現在的股價？以什麼價格給予員工？以什麼價格回收員工的股份？ 行權價格：公司向激勵對象授予期權時所確定的、激勵對象購買公司股票（股份）的價格，根據當天的股票市價確定，高低控制在10%以內。 回購價格：公司股東購買激勵對象轉讓的股票（股份）的價格。①轉讓日公司每股內在價值（每股淨資產）為定價基礎。②轉讓雙方談判的結果
6	定時間	包括股權授予日、有效期、等待期、可行權日及禁售期。 股票授予日與獲授股權首次可以行權日之間的間隔不得少於1年，並且需要分期行權。 股份期權：行權期不得少於2年，行權有效期不得低於3年，有效期內勻速行權。 限制性股份：持股人員必須在公司服務滿一定年限，滿足條件後才可以以一定價格轉讓所持股份，退出持股計畫；該限制可以根據持股人員職位的重要性以及與公司發展的密切程度區別規定，短期可為3年、5年，長期可為10年或以上
7	定來源	難道只能減少原有股東的股份嗎？ 如何確保原股東讓出股份後收益不減？ 股票（股份）來源：發行股票（股份）、回購本公司股票（股份）以及採取法律、行政法規允許的其他方式。資金來源：激勵對象直接出資，激勵對象薪資、獎金、分紅抵扣，企業資助。要綜合評估公司現金流、激勵對象收入狀況等因素

141

第四章 阿米巴股權激勵的策略意義

序號	名稱	介紹
8	定條件	股權激勵並非無條件給予,而是雙方共同協定的激勵與約束並存。 員工要想獲得股權的條件是什麼? 什麼條件下應該變更員工的股份? 員工出現哪些問題會喪失股權? 員工成股東後工作不努力或業績不好怎麼辦? 股權的授予條件:業績。 行權條件:激勵對象的資格符合要求,公司的主體資格符合要求。兩者具備,激勵對象才可以行權、獲贈或購買公司股票,否則行權終止
9	定機制	如何預防股權激勵後決策無法集中? 財務報表到底該不該如實給新股東看? 股權激勵會不會妨礙引進策略投資者? 激勵計畫的管理機制、調整機制、修改與終止機制

▌操作

設計一套阿米巴股權激勵方案。

第五章
阿米巴人才團隊的培育與發展

　　阿米巴人才開發模式的關鍵，在於提升人才開發能力，培養造就高層次創新型人才，著力創新人才培養體制和模式，努力建設有利於創新型人才發展的人才考評體系，建設人才激勵保障機制等。

　　阿米巴人才開發模式最大的利益點，就是幫助企業培養更多具有經營意識的人才。本章就阿米巴的經營思路和人才培養理念，人力資源在阿米巴管理模式中的定位，以及如何培養阿米巴巴長等方面進行重點講解。

　　我們透過阿米巴人才開發模式，使全體員工都能從經營者的角度去思考，幫助企業培養更多具有經營意識的人才。

第五章　阿米巴人才團隊的培育與發展

■ 本章目標

① 了解：阿米巴人才開發模式。

② 掌握：巴長的培養方法。

③ 掌握：阿米巴人才開發的四大條件。

④ 掌握：「6M」實效模型。

■ 形成成果

① 阿米巴核心人才的複製方法。

② 阿米巴人才團隊建設「6M」實效模型。

第一節
人才開發模式的實施步驟

一、打造阿米巴人才共同體

　　阿米巴經營模式的最大利益點：培養具有經營意識的人才，最終實現人才成長。企業組織透過有效授權，讓全員參與經營，培養年輕人才擔任領導者。在企業內部設立了許多個阿米巴小組織，每個阿米巴組織都有一個巴長。這樣一方面細化了企業的管理；另一方面，以各個阿米巴的領導者為核心，讓其自行制定各自的計畫，並依靠全體成員的智慧和努力來完成目標。透過這樣一種做法，第一線的每一位員工都能成為主角，主動參與經營，進而實現「人人成為經營者」。

　　由於企業任命阿米巴巴長的形式相當靈活，當阿米巴領導人才嚴重緊缺時，可以在現有人才範圍內劃分組織，把組織劃分完畢後，讓其上級部門主管或其他阿米巴領導者來兼任。阿米巴經營的目的之一，就是培養具備經營者意識的人才，並且挖掘那些雖然在現階段還不具備足夠的經驗和能力，但是可能勝任領導職務的人才。

　　企業要建構高效而卓越的阿米巴組織，就需要具有高度

的一致性，要將員工團隊培養成四個層次的共同體，實現員工物質和精神的雙豐收。這四個層次的共同體是：利益共同體、目標共同體、命運共同體和使命共同體。

利益共同體，即把阿米巴組織當大家庭一樣，把公司利益與自身利益看得同等重要，不能只顧個人利益不顧公司利益；目標共同體，即目標一致的利益共同體，個人與阿米巴經營目標是一致的，而不僅僅是利益一致；命運共同體，即阿米巴組織的發展與個人的發展是息息相關的；使命共同體，即個人認同阿米巴的經營理念。如果說，命運共同體靠共同「理念」維持的話，使命共同體則靠共同「理想」來維持。

> 思考：阿米巴為什麼要建構四個層次的共同體？

二、阿米巴需要進行系統管理

阿米巴人才開發模式最大的利益點，就是幫助企業培養更多具有經營意識的人才。一個企業的成長難免會遇到資金不足、開發客戶難、人手不足等各種問題。如果企業的經營理念能夠得到員工的認同，那麼如何增強企業凝聚力，如何

讓全體員工都能從經營者的角度去思考，在做好自己工作的同時，還能更多地去想如何做好企業，這些問題便可迎刃而解。

人才開發是阿米巴組織發展的動力泉源，是提高企業素養的根本保證。根據現代企業的策略人力資源的思想，阿米巴組織進行人才開發的主體思路是必須圍繞策略分解目標、設定職位、配置人員，做到事人相宜。

阿米巴組織用人的首要出發點是策略性的眼光，根據策略來調配阿米巴組織的人力資源。每個員工的長處和才幹都可以分為若干類型，有的擅長組織協調，有的適合技術分析，有的喜歡衝鋒陷陣，有的足智多謀。阿米巴組織調配人力資源的出發點，就是使其個人特點與工作職位相適應。假如不能把個人的才能用到最能發揮其作用的地方去，那對人才來說是一種壓制，對阿米巴組織來說是一種極大的浪費。

三、阿米巴的人才開發模式

阿米巴的人才開發模式，主要包括如下幾點：

1. 阿米巴的人才選拔，即辨識、發現和挑選人才

「治國之道，唯在用人。」阿米巴經營組織也是如此，用人是阿米巴組織領導者的基本職責。再好的決策和計畫，如

第五章　阿米巴人才團隊的培育與發展

無一批德才兼備、精明能幹的人去執行和實施，也是無法實現的。所以，能否最大限度地挖掘和利用人才，是衡量阿米巴組織領導水準高低的一個重要指標。

2. 阿米巴的人才培養

對潛在人才和現有人才進行教育和培訓，提高他們的水準。被選拔的人才一般都需經過培訓，才能成為符合職業和職位要求的專門人才。對於阿米巴組織來說，人才培養是多層次的，包括高階經營人才的培養、職能管理人才的培養和基層管理人才的培養等。

3. 阿米巴的人才使用

把發現和培育的人才安排到適當的工作職位上，讓他們充分發揮作用。

4. 阿米巴的人才調劑

也就是把各種人才從不適合的工作職位調動到更加適合的工作職位，使人盡其才。

5. 阿米巴的人才管理

這是人才開發的必要條件，要建立健全各種規章制度、管理文件等，滿足人才開發的需求。

6. 阿米巴的人才測評

透過一系列科學的方式和方法,對被試者的基本素養及其績效進行測量和評定。人才測評的主要工作是透過各種方法對被試者加以了解,從而為阿米巴組織的人力資源管理決策提供參考和依據。

> 思考:阿米巴的人才開發模式有哪些特點?

第五章　阿米巴人才團隊的培育與發展

第二節
卓越巴長的培育方法

阿米巴經營模式要求每個阿米巴組織必須有一個領導人，即阿米巴巴長，並且要求每位阿米巴領導人只能擔任一個阿米巴的巴長。在阿米巴組織中，以各個阿米巴巴長為核心，讓其自行制定各自的計畫，並依靠全體成員的智慧和努力來完成經營目標。

阿米巴巴長是實施阿米巴經營的基層主體，對巴長的要求比對普通管理者的要求更高。阿米巴巴長必須掌握阿米巴經營原理、熟悉經營管理；了解阿米巴內部結算，能夠運用「阿米巴經營會計報表」進行經營分析；擅長阿米巴經營管理，不斷改善阿米巴經營狀況。

一、掌握阿米巴經營原理、熟悉企業經營

1. 掌握阿米巴經營原理，善於激發員工的積極性

阿米巴巴長要掌握阿米巴經營的基本原理，善於激發員工的積極性和工作熱情，不斷提升業績，實現阿米巴的經營目標。

2. 善於操作管理系統軟體，能夠很好地自我管理

阿米巴巴長要能夠掌握電腦管理系統的基本原理，掌握

阿米巴內部定價的原理，能夠熟練操作阿米巴經營電腦管理軟體，進行很好的自我管理。

二、善於運用「阿米巴經營會計報表」進行分析

1. 阿米巴巴長應了解阿米巴內部結算

阿米巴巴長要了解阿米巴經營結算的方法和要求，了解阿米巴經營結算的經營成果內容，而且要了解阿米巴經營考核過程。

2. 阿米巴巴長要能夠分析阿米巴經營會計報表

阿米巴巴長要能夠看懂和分析阿米巴經營會計報表，學會分析阿米巴的經營成果，學會分析阿米巴的效益點、止損點等，並帶領阿米巴員工不斷開源節流，創造高收益。

三、阿米巴巴長擅長經營管理，不斷改善經營收益

阿米巴巴長要能夠了解阿米巴經營管理的基本要求，分析改善阿米巴的經營方法，要不斷提高分析問題和解決問題的能力，不斷改善阿米巴的經營收益，努力實現阿米巴的經營目標，並且能夠對下屬員工進行必要的工作指導。

第五章 阿米巴人才團隊的培育與發展

> 思考：在你公司中，培養阿米巴巴長的方式有哪些？

▌案例 2

A 公司（化工用品製造企業）是某管理顧問公司的客戶。該公司採用阿米巴經營模式已經有兩年。在阿米巴巴長的競聘過程中，先確定阿米巴巴長，由業務部門的上一級和人力資源部門根據參加競聘的阿米巴巴長的預算、預案、預酬方案可行性來確定最終結果。

阿米巴組織的數量根據市場不斷進行調整，包括業務關聯性強的阿米巴之間可以相互「兼併」，兼併的必要條件也是透過預算、預案、預酬方案來確定。

在該公司，阿米巴巴長可以選成員，成員也可以選阿米巴巴長。同時，阿米巴成員是動態的，形成「進入、提升、退出」的競爭機制。「進入」就是建立開放平臺，能夠吸引外部有能力的人才進入阿米巴，從內部來說能夠讓員工主動搶入阿米巴。「提升」就是讓阿米巴員工能夠自覺地挑戰有競爭力的市場目標（目標動態最佳化），完成目標後有相應的升遷和發展平臺，並作為該阿米巴巴長的後備人才進行培養。「退出」就是退出機制，達不到既定目標，後十位淘汰，在關鍵職位設定「鯰魚」職。

第三節
優秀人才開發的四大要素

任何事物的建設都是有條件的，在阿米巴的人才開發模式中，優秀核心人才的開發需要哪些必備的條件？正如家具批次生產、店鋪重複出現一樣，阿米巴人才開發也需要有前提條件，可歸納為以下四點。

首先，明確「我想要的人才」。

其次，甄選「有潛質的人才」。

再次，營造「人才複製環境」。

最後，應用「人才複製方法」。

相關內容如圖 5-1 所示。

圖 5-1 阿米巴人才開發四個條件的關係圖

1. 如何明確「我想要的人才」

明確「我想要的人才」，即明確阿米巴組織需要擁有何種特質、何種能力的人才。

第五章　阿米巴人才團隊的培育與發展

首先，我們要考慮企業策略對人才的要求，進行策略規劃，明確阿米巴組織需要哪幾方面的人才，需要什麼層次的人才；其次，結合企業策略與文化要求，對職位進行分析，按照一定的原則進行職位歸類和分層分級；最後，為每個職位建立自己的任職資格標準，即明確在不同的業務領域中，阿米巴組織需要具備什麼能力（能力標準）、有哪些行為特徵（行為標準）的人才。

當然，阿米巴組織弄清楚「我想要的人才」並非輕而易舉，因為任職資格體系的建立是一份複雜的工作。任職資格體系的建立是公司層面的工作，要統一規劃，否則，就會造成思想的差異、方法的不同、力量的分散，導致最終的結果是事倍功半。在這裡，本書提供一個高效應用的方法，即把你的職位人才需求認真填入以下三個座標系中，或許就能有所幫助（如圖 5-2 所示）。

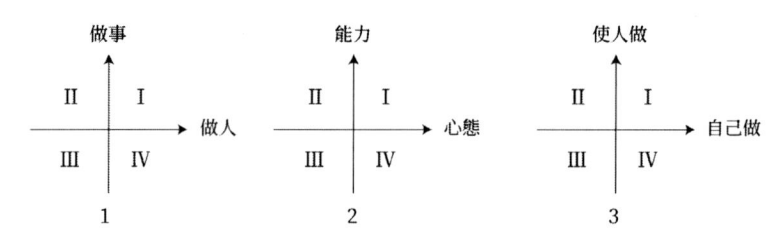

圖 5-2 職位人才需求座標

第三節　優秀人才開發的四大要素

2. 如何甄選「有潛質的人才」

「有潛質的人才」，即經過培訓之後能夠勝任某個職位的人才。

員工是阿米巴組織最重要的資產，而「有潛質的人才」更是阿米巴組織未來發展的關鍵所在。然而，許多阿米巴組織在甄選、培養「高潛質人才」方面往往毫無章法。他們要麼是對「有潛質人才」的衡量標準的認知模糊不清，要麼是盲目地招募博士或碩士生來「裝點門面」，要麼是讓那些踏實可靠的員工因落選而士氣低落，要麼是制定的培養計畫讓有發展潛質的管理者脫離了日常經營。結果是使那些「有潛質人才」要麼離開，要麼被廢掉。

阿米巴組織往往是結果導向的，阿米巴組織需要人才的直接目的就是創造績效！什麼樣的人才能夠創造更好的績效？有沒有一些通行的辦法，可以來衡量一個人的領導力潛質，從而判別他是否屬於「有潛質人才」呢？

從結果上來看，「有潛質人才」往往需要具備三大要素：第一，績效表現優異且踏實可靠，能證明自己勝任某個職位，而且能證明自己踏實可靠。第二，掌握新型專業知識、技能，不斷地拓展自己的知識領域，管理更大的團隊，同時，意識到行為的重要性。第三，有潛質的人才往往有高情商，他們的工作態度、性格和品格影響著他們潛力的發

揮,他們追求成就感,對工作充滿熱情,樂於學習並富有上進心。

所以,對於如何甄選「有潛質的人才」這個問題,本書根據以上三大要素,設計一些甄選方法,或許就能應用(見圖5-3)。

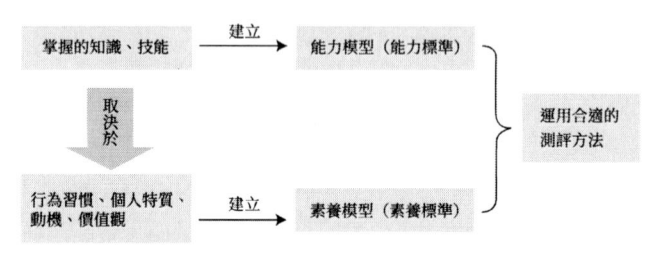

圖 5-3 甄選有潛質人才的方法

3. 如何在阿米巴組織營造「人才複製環境」

「人才複製環境」,即培養人才所必需的外在條件。

很少有人會在肅穆的寺廟裡吵吵鬧鬧,很少有人會在五星級酒店裡邋邋遢遢,這並非天性如此,而是環境使然!所謂「近朱者赤,近墨者黑」是也。

阿米巴組織能不能召集人才、培養人才、留住人才,關鍵在於這個阿米巴組織是否注重提供良好的工作條件和人文環境。如果人才複製的環境好,那麼阿米巴組織就不愁沒有人才;如果人才複製的環境很糟糕,那麼即使高薪挖來的人才,阿米巴也留不住。

第三節　優秀人才開發的四大要素

真正的好人才，不僅關心薪酬待遇，更關心自身的價值能否實現。多數人才的離去，不是因為老闆給他的薪水不夠高、待遇不夠好，而是因為他的能力得不到老闆的認可，他的成績得不到老闆的肯定，他的人格得不到老闆的尊重，他的心靈得不到老闆的安慰，他的前程得不到老闆的關注，所以人才選擇了離開。其實，只要是人，都有夢想。跟對老闆成就一生，跟錯老闆浪費一生。老闆有夢想，員工也有夢想。關鍵是老闆錯誤的做法，讓員工看不到企業的希望，他們就不得不離去。

再者，如果阿米巴組織中職責不明、流程不清、許可權不分，企業文化缺失，那麼在如此的「複製環境」中，又怎麼能夠使人才「倍」出呢？

所以，在阿米巴組織營造「人才複製環境」，完善如圖 5-4、圖 5-5 所示的管理基礎，或許就能落實了。

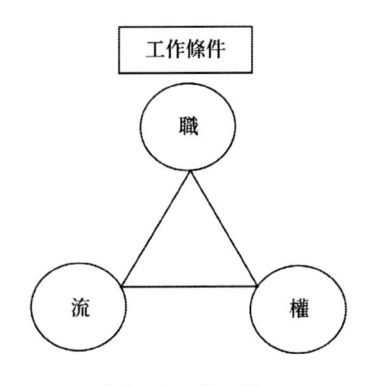

圖 5-4 工作條件

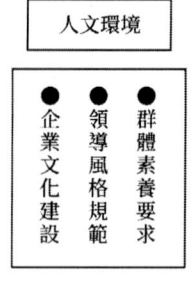

第五章　阿米巴人才團隊的培育與發展

圖 5-5 人文環境

人文環境：
- 群體素養要求
- 領導風格規範
- 企業文化建設

4. 在阿米巴組織應用「人才複製方法」

我在和企業高層領導者進行溝通的時候，發現他們有一個共同的苦惱——缺乏優秀的中高階人才。外面招不來，企業自己又培養不出來，或者培養速度太慢。

出現這個問題是很正常的，因為絕大多數阿米巴組織管理者，對如何培養現代化、專業化人才毫無經驗。

相反，某些優秀企業對這方面的問題解決得比較好，他們在人才培養方面做得非常到位。透過特定的策略和方法，每年都能培養出大批人才。在全面考察寶潔、百事、西門子、IBM 等優秀企業人才培養經驗的基礎上，我們總結出了一些人才培養的具體做法。

(1) 樹立正確的人才理念和培養理念。

管理講究「明道、優術」，道不明，則術不優。人才培養工作要做好，首要的就是有正確的人才理念和策略。

第三節　優秀人才開發的四大要素

百事的人才培養工作做得非常優秀，被《財星》(Fortune)雜誌評為美國兩家最優秀的公司學院之一。它的人才理念很先進：「員工是人力資本，是公司成功所必備資源的第一資源。」、「有所成就也就意味著我們要擁有卓越的領導人和一個堅實的團隊，能夠確保百事公司的未來發展。」、「領導人培養領導人。」

(2) 確定明確的人才培養標準和目標。

人才培養或培訓工作要做好，前提條件是要有明確的標準，只有這樣才能事半功倍，培養才有明確的目標。

(3) 建立人才培養的有效組織、流程和制度。

人才培養工作是企業所有成員的共同責任，當然，首要的就是最高領導者的責任。杜拉克就講過，管理者的三大職責為：一是做出業績，二是培養人，三是宣傳企業文化。

優秀企業通常極為重視人才培養，第一負責人親自帶頭培養，組織人才參加培訓，言傳身教。奇異的董事長、百事可樂的董事長都經常親自擔任高層管理者的培訓教師，甚至親自擬定教學大綱。

在一個管理完善的企業中，培養工作的參與角色很多，通常包括企業最高領導者、人力資源副總裁、其他副總裁、各級管理者、人力資源部門、內部講師、員工。他們各自的培養角色是非常清楚的。

(4)只培養那些具備特定潛質的可以培養的人。

很多企業培養人才的效率和效果都不好,他們感到很納悶。企業投入的資源不少,但大家就是不滿意。分析後,我們發現,一個重要的原因是企業選拔的培養對象不對或者根本沒有選拔。許多高階人才特別是高階管理人才是需要具備一些重要的潛在特質的,不是所有的員工都適合當成管理者或者高階專家來培養。優秀企業一般在培養管理人才之前,都要做一些評估篩選工作。

(5)採用科學有效的具體辦法來培養人。

阿米巴組織加強企業文化建設,形成樂於培養人的文化氛圍。凡是管理優秀的企業,在人才培養方面都形成了一定的文化氛圍。管理者和骨幹員工把培養人才看成自己的應盡職責,是一項自覺的行為,而不是強制規定的。

> A. 跨部門、地區輪調,雙向交流。輪調是企業和阿米巴組織培養高層管理者和複合型人才的一種常見做法。在諮詢過程中,我們發現一個有趣的現象,往往一些最優秀的人力資源總監、財務總監、IT總監來自第一線業務部門,原因就是這些輪調者往往能站在業務的角度,站在公司的角度來思考人力資源管理問題、財務管理問題、資訊管理問題。這些證明了輪調的價值。

B. 分派導師,加強在職輔導,制定實施個人發展計畫。導師制是一種效果好、成本低的人才培養方式,幾乎所有優秀企業都會採取這種做法。
C. 阿米巴組織採用跨部門的專案鍛鍊人才。從培養人的效率和效果角度來講,採用專案的方式是效率最高的,當然也是最貴的。
D. 阿米巴組織設立助理職位或副職,採用委員會方式,讓有潛質者多參與阿米巴經營決策。一些企業設立很多管理委員會進行重大決策。為了培養高層管理人員,他們通常讓一些中層幹部參加一些重要的決策會議,透過會議鍛鍊他們的決策能力,轉變他們的視角,使他們站在公司的立場、角度看問題,而不是僅僅站在部門角度思考問題。
E. 讓培訓對象擔任講師。讓培訓對象擔任講師是一種效率非常高的人才培養辦法,這種辦法最大的好處就是促使擬擔任講師的人員要在短時間內系統化學習、熟練掌握某領域的知識。否則,他沒有辦法對大家講課。

一些可以熟練應用「人才複製方法」的阿米巴組織,每年都能批次培養出優秀核心人才。本書總結了阿米巴組織優秀核心人才的複製方法,仔細查看並深入理解,或許就能落實。

第五章 阿米巴人才團隊的培育與發展

■ 成果 7　阿米巴核心人才的複製方法

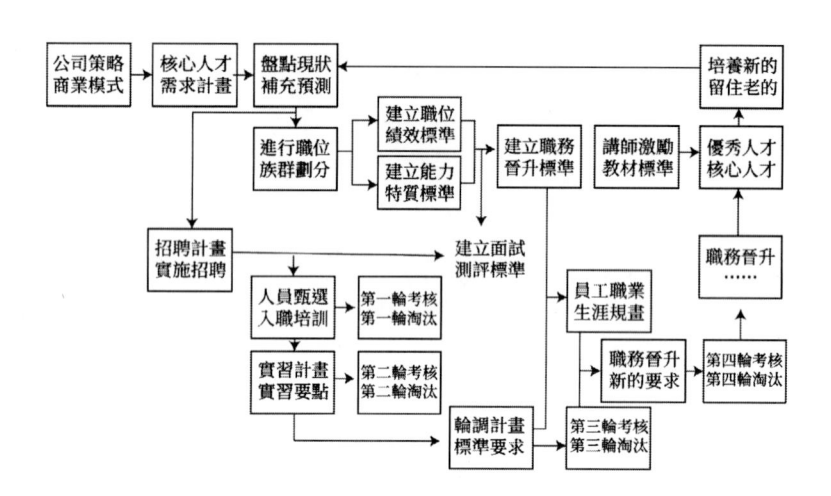

```
公司策略      核心人才      盤點現狀                                          培養新的
商業模式  →  需求計畫  →  補充預測  ←──────────────────────────────  留住老的
                ↓             ↓                                                ↑
                              進行職位      建立職位                           優秀人才
                              族群劃分  →  績效標準  →  建立職務  →  講師激勵  核心人才
                                  ↓         建立能力     晉升標準    教材標準      ↑
                                  ↓         特質標準          ↓                    ↑
                              招聘計畫          ↓      建立面試                 職務晉升
                              實施招聘          →      測評標準                 ……
                                  ↓                         ↑                    ↑
                              人員甄選    第一輪考核     員工職業               第四輪考核
                              入職培訓  →  第一輪淘汰    生涯規畫               第四輪淘汰
                                  ↓             ↑             ↓                    ↑
                              實習計畫    第二輪考核     職務晉升
                              實習要點  →  第二輪淘汰    新的要求
                                  ↓                         ↓
                              輪調計畫    第三輪考核
                              標準要求  →  第三輪淘汰
```

■ 操作

在你公司的阿米巴中，設計「複製核心人才」的流程或方法。

第四節
「6M」模型的巴長複製技巧

在一些阿米巴組織，管理者大多沒有掌握人才團隊建設的流程與工具，更談不上應用「人才團隊建設的方法」了。他們對如何培養現代化的、專業化的人才毫無經驗。

人才團隊建設必須嚴格遵循一套科學的流程，一些可以熟練應用人才團隊建設的企業和阿米巴組織，每年都能批次培養出優秀核心人才。在這裡，我有必要介紹人才團隊建設「6M」實效模型，「6M」模型是我在人力資源管理領域多年來累積的經驗，並提出核心人才複製實戰對策。

▌成果 8　阿米巴人才團隊建設「6M」實效模型

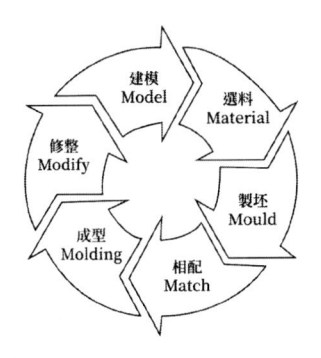

（圖：建模 Model、選料 Material、製坯 Mould、相配 Match、成型 Molding、修整 Modify）

阿米巴人才團隊建設「6M」實效模型，即人才團隊建設需要經過的六大步驟：

第五章　阿米巴人才團隊的培育與發展

第一步，建模（Model）──建立標準。

建模，即建立阿米巴組織所需人才的各項要求。

對於任何人才團隊建設的方法來說，首要的就是必須建立標準模型，所以，阿米巴組織人才團隊建設的建模，實際就是建立「我想要的」人才的各項標準。依據不同職位的需求，分別建立以下標準：

a. 職位職責標準、職位績效標準。

b. 能力特質標準、職務晉升標準。

c. 甄選方法標準、培養教材標準。

第二步，選料（Material）──人才甄選。

選料，即甄選有潛質的人才。阿米巴組織進行核心人才團隊建設，培養重要職位的核心接班人，關鍵點就是甄選「有潛質的」人才。

阿米巴組織往往是結果導向的，企業需要人才的直接目的就是創造績效！什麼樣的人才能夠創造更好的績效？有沒有一些通行的辦法，可以來衡量一個人的領導力潛質，從而判別他是否屬於有潛質人才呢？

從結果上來看，「有潛質人才」往往需要具備三大要素：第一，績效表現優異且踏實可靠，能證明自己勝任某個職位，而且能證明自己踏實可靠。第二，掌握新型專業知識、技能，不斷地拓展自己的知識領域，管理更大的團隊，同

時，了解行為的重要性。第三，有潛質的人才往往有高情商，他們的工作態度、性格和品格影響著他們的潛力發揮，他們追求成就感，對工作充滿熱情，樂於學習並富有上進心。

因此，阿米巴組織甄選「有潛質的」人才，就要根據如上三大要素，設計一些甄選方法。而如果企業和阿米巴組織花費大量資金和精力，卻總也招募不到「有潛質的」人才呢？其實，即使這樣企業也不用著急，可參考以下兩點：

a. 每個職位所需要的能力特質不同，因此其面試方法、測評方法也相應不同。

b. 選才對象也包括處於晉升階段的老員工。

第三步，製坯（Mould）—— 人職相配。

製坯，即阿米巴組織依據不同職位、不同類型的人才按計畫培養的過程。

即使你是伯樂，具有一雙慧眼，也要根據用人標準，透過科學的甄選方法，得到「有潛力的」人才，並需要經過實踐來檢驗。

在具體實踐中，多數阿米巴組織在人員入職之後，經過簡短的注意事項式的培訓便可就任；若是高階主管入職或者老闆自己找來的人員，便連這道程序也免了，按照計畫培養與輪調就做得更少。

如何建立人職相配呢？注意以下三點：

a. 透過入職培訓、見習、實習等進行篩選。

b. 透過輪調、轉職、在職培訓等進行篩選。

c. 正式定位並進入專業晉升管道（如技術類、管理類等）。

第四步，相配（Match）—— 專業晉升。

相配，即阿米巴組織把合適的人放在合適的職位上，從而形成完美的人職相配。

透過第三步的在職、考核、培訓，甚至輪調、考核、培訓，反覆考察後，等待晉升的員工是「驢」是「馬」已見分曉。是「驢」，就用來負重；是「馬」，就用來快跑。

人才分類之後，透過職位勝任力相配度分析，阿米巴組織可以清楚地了解員工的能力強項與差距，對不同晉升候選人進行橫向比較，以做出正確的任命決策。在被任命者沒有完全達到目標能力要求時，還可以針對員工的能力短處進行密集的培訓，幫助其迅速適應新職位的要求。總之，不同的員工各有所長，總能形成最佳的人職相配模式。基於勝任力的職業發展方法能幫助公司把員工放到最合適的職位上，同時使員工有清楚的發展方向和目標。

歸類定位完成後，在一定時期之內，員工便要專心地在其工作領域深造；而企業先要明確各級晉升標準，然後告知員工：風光就在樓上，我們會給你梯子，助你往上爬。

參照以下兩點：

a. 強調個人特質與職位相配。正式的定位便從某一層級開始培養、考核、晉升。

b. 如果培養複合型人才，也可再考慮新一輪的轉職、輪調。

第五步，成型（Molding）—— 持續定位。

成型，即持續在某個領域發展，成為這個領域的頂尖優秀人才。

人職相配實際上是一個動態過程，並非一錘定音、一成不變的，也不可以朝三暮四、朝令夕改。定位之後，若是發現晉升的員工並未創造理想的業績，那麼企業首先需要分析外在環境是否制約了員工的能力發揮。如一個銷售經理，他業績不夠理想的原因是他的行銷能力不強，還是外在的客觀因素使然呢？透過客觀分析，才能準確判斷人職是否相配。分析之後，才考慮是否調職，因為排除外在因素就只能找內部原因了。事實上，學習能力越強的人，越有可能脫離專業而轉為複合型人才。所以，從第四步相配到第五步成型是一個從量變到質變的循環過程，只是越到後期，其過程週期越長，因此古語有云：「四十不學藝。」

那麼如何處理這個辯證關係呢？注意以下兩點：

a. 透過若干次人職相配後，就能發現最佳配對對象，這時就可以持續下去了。

第五章　阿米巴人才團隊的培育與發展

b. 職位類型基本分為領導、管理、專業三大類型。專業類型又可分為研發、工程、財經、市場、銷售等。

第六步，修整（Modify）—— 追求卓越。

修整，即針對局部不足而進行特別培訓，促使人才更加完美，追求卓越。

按照常理，經過相配、成型之後，培養出來的人才便可以在這個領域快速奔跑。然而經過千錘百鍊、層層甄選、嚴格考核才選拔和晉升的人才，為何還需要修整？答案是，人無完人，再卓越的管理人才，也有不足之處。既然有管理能力上的不足，就要不斷對其進行修整、培訓，這才是追求卓越的企業和個人應有的選擇。

到底應該如何追求卓越呢？可參考以下兩點：

a. 如果已經具備了優秀人才的特質，但可能在某些細節方面還需要修整，如個性、形象、領導力、影響力、情商等，那就在這些方面努力。

b. 自己優秀，能不能幫助別人也變優秀？這就是修整一個人樂於助人的心態和助人的能力。

至此，或許有人會問：「阿米巴組織建立人才團隊需要這麼龐大的工程，操作起來不會有很大難度嗎？」人才團隊建設的整個體系的確是個工程而非一件工作，但是在人才團隊

建設「6M」體系建立之後，操作也就不再複雜。世事就在為與不為之間，而非難與不難之間。

▎案例 3

　　某管理顧問公司的客戶中，有一家電器研發、生產企業，該公司已經成功採用阿米巴經營模式。該公司已經建立即需即供的管理人才團隊。HR 和阿米巴明確責、權、利，透過各類管道獲取人才資源，實施管理人才團隊建設，即基本可以直接聘用的人才已鎖定，需定期溝通被吸引的人才、初選通過的目標人選。

　　HR 透過持續追蹤並不斷最佳化目標人選，適時對人才進行分類管理，針對不同類型的人才實施差異化的吸引措施。經過長期不斷的溝通，讓候選人清楚了解並認同企業的文化和策略，大大縮短了人才配置的週期，保證了人才配置的品質。

　　巴長對競選入阿米巴的員工，要定期進行績效輔導和溝通，並根據實際績效進行動態最佳化，以保持阿米巴的整體競爭力。對未能競選進入阿米巴或競選進入阿米巴後因績效等原因又被阿米巴退出的員工，集團公司一般整合資源提供多元化的再競職機會。阿米巴員工的動態最佳化，目標是提升阿米巴員工的活力。

▎操作

　　在你的公司中，設計「阿米巴人才團隊建設」的流程或方法。

第五章　阿米巴人才團隊的培育與發展

第六章
阿米巴合夥制激勵模式

　　關於合夥制,我總結出兩句話:出錢多,不一定股份多;股份多,不一定分紅多。

　　合夥機制,更多表現為合夥人的責任和權利。企業為什麼需要合夥制?因為阿米巴經營模式把獲取利潤的責任分到多個阿米巴,分到多個人的身上。

　　阿米巴合夥制可以使人資關係更加緊密,人才開發更加充分,內部管理更有效率,充分活化核心團隊,從而真正地擺脫老闆的束縛。

第六章　阿米巴合夥制激勵模式

▌本章目標

① 理解：合夥機制的核心內容。

② 理解：為何需要合夥制。

③ 理解：合夥制的六大平衡原則。

④ 掌握：合夥制風險規避。

第一節
合夥制的定義與本質

合夥人分為有限合夥人和普通合夥人兩種。

作為企業內部管理的一種合夥機制，就不必像合夥企業那麼麻煩了，大家透過一個制度來約定遊戲規則就可以了。正是因為這種合夥機制操作簡單卻又行之有效，對合夥人發揮激勵作用，所以在企業管理中應用廣泛。

其實這也是一種合夥制的方式。有錢的出錢，有力的出力；錢多的多出，錢少的少出。根據不同的程度決定如何分配：出力，分多少；出資，分多少。

關於合夥制，我根據做管理諮詢專案的經驗，總結得出兩句話：出錢多，不一定股份多；股份多，不一定分紅多。

什麼是合夥企業？從法律上來講，合夥企業即由合夥人共同訂立協議，共同出資，共同經營，當然共同分享收益，也共同承擔風險，而且這個合夥企業的債務是有無限連帶責任的，這是基本的定義。

合夥企業分為兩大類：一類是普通合夥企業，另一類是有限合夥企業。普通合夥企業由兩個以上的合夥人組成，合夥人對這個企業的債務承擔無限責任。

第六章　阿米巴合夥制激勵模式

普通合夥企業有一種特殊的類型，即，在所有合夥人中，由一個或幾個合夥人來承擔無限連帶責任；其他的合夥人，只要承擔他出資部分的債務責任就可以。

合夥機制包含五大核心內容：搭建合夥平臺，組建合夥團隊，建立合夥機制，塑造合夥意識，增加合夥價值。

合夥機制，更多表現為合夥人的責任和權利。合夥機制並不一定表現為一個嚴密的組織，比如說不一定要註冊成立合夥企業，也不一定要成立公司，就是幾個人內部形成規則即可。像專案合夥制、阿米巴合夥制、事業合夥制都是如此，內部簽一個合夥協議或制定制度就可以了。

如果把合夥機制延伸到組合外部資源，比如供應商、經銷商、消費者等，一般就需要註冊公司。股份公司、有限公司、合夥企業，都是合夥制的一種形式。

> 思考：你如何理解「出錢多，不一定股份多；股份多，不一定分紅多」？

第二節
為何引入合夥制

建立合夥制的原因，主要有三個方面：人性的需求、時代的需求和競爭的需求。

第一，人性的需求。其實在當今社會，很多人已經滿足了基本生存的需求，可以直接跳到自我價值實現的需求。針對現代人群這個特點，合夥制可以透過讓合夥人出錢、出力或提供其他資源的形式，滿足企業發展的需求。企業老闆作為大股東，也可以充分賦權給合夥人。雙方都能獲得滿足。

第二，時代的需求。網路時代的典型特點，就是碎片化。其實在經營過程中，企業也有這個特點，這是整個時代的需求。

我們可以把一個大的公司劃分為若干獨立核算的小單位，然後實行內部定價交易，這就是一種碎片化，也能激發更多員工的工作熱情。

第三，競爭的需求。這個時代的競爭是多元的競爭。你不能靠老闆一個人去拉動整個公司，需要大家一起努力來經營。

第六章　阿米巴合夥制激勵模式

阿米巴經營模式把獲取利潤的責任由公司分到多個阿米巴，分到多個人的身上。像以前的火車，它完全靠火車頭拉動若干節車廂，因為動力有限，所以速度就十分緩慢。而現在的動力車、高鐵，它行駛的動力是分散在每一節車廂上的，所以速度相當快。

> 思考：你的公司實施合夥制的原因是什麼？

第三節
合夥制設計的六大平衡原則

企業實施合夥制，有六大平衡原則：局部利益與整體利益的平衡、短期利益與長期利益的平衡、物質利益與精神利益的平衡、自由與控制的平衡、個性化與標準化的平衡、入夥與退夥的平衡。

一、局部利益與整體利益的平衡

「唯有把阿米巴做成合夥制，企業才能做久。」阿米巴經營的目標是企業實現「全員參與經營」，可要怎樣才能讓員工真正地從心底做到與公司共同進退、共同承擔風險呢？這就要從阿米巴經營哲學出發，與現實相結合，透過採取合夥制經營模式，讓企業員工轉變為阿米巴合夥人，將員工與企業發展捆綁在一起，真正實現個人利益、局部利益和企業整體利益的一致性，最終才能合夥把企業的蛋糕做大。

二、短期利益與長期利益的平衡

實施合夥制，必須考慮短期利益與長期利益的平衡。短期利益與長期利益的關係並非「非此即彼」，合夥人必須在兩種利益之間協調和平衡。合夥人持有公司股份，就是拿真金

白銀投資該公司，這也要求合夥人一定要有長遠眼光，能夠抵禦短期利益的誘惑，不要因為急功近利而犧牲長期利益。

三、物質利益與精神利益的平衡

物質利益和精神利益是人們追求的兩大目標。合夥人的物質利益主要包括薪資、獎金、福利、股權等一切可以用金錢作為衡量標準的財物；精神利益主要指無法用金錢估量的非物質利益，包括榮譽、表彰、聲譽等。

因此，實施合夥制，物質利益和精神利益應該協調發展，不可偏執一端。物質利益與精神利益得以平衡，才能留住核心人才，合夥制才能成功實施。

四、自由與控制的平衡

時代需要阿米巴，時代需要合夥制，從管理到賦能，這也是時代的要求。未來的企業最重要的功能是賦能，而不是管理；給予員工的是經營的自由，而不是嚴格監督和控制。做到自由與控制的平衡，合夥制才能長久持續。

五、個性化與標準化的平衡

如何平衡合夥制實施中的標準化和個性化？在實作時，首先，要強調標準化，要按照標準化的要求和流程來處理問

題,不能隨意改變。如果工作中出現了目前制度和標準無法解決的情況,一些高階合夥人可以採用個性化的方式對待。其次,定期舉行合夥人會議,討論和總結哪些情況是目前標準和制度無法解決的,什麼方法更好。從而完善標準,實現合夥機制的最佳化,平衡合夥制實施的標準化與個性化的關係。

六、入夥與退夥的平衡

入夥與退夥的平衡,首先是入夥方式。入夥是指合夥企業成立之後、解散之前,第三人申請加入合夥企業並被合夥企業接納,從而成為新的合夥人。新合夥人需要投入一定數額的資本,享有規定比例的合夥企業利潤。

新合夥人入夥必須具備一定條件,除合夥協議另有約定之外,新合夥人與原合夥人享有同等權利,承擔同等責任。

> 思考:你如何理解合夥制的六大平衡原則?

其次是退夥方式。

按照合夥協議和法律規定,在入夥時平衡合夥人之間的利益,在退夥時平衡合夥人與債權人的利益。

第六章　阿米巴合夥制激勵模式

第四節
合夥制下的風險規避策略

合夥制風險規避是在考慮到某項行為出現損失的可能性較大時，主動放棄或加以改變，以規避與該項行為相關的風險的策略。

一、四大潛在風險

合夥制的主要潛在風險有：目標沒有達成、資訊過多披露、上下集體跳槽、上級失去控制等。

1. 目標沒有達成

企業目標就是盈利，如果企業投資人的這個目標無法實現，他們就不會投資，也不會聘用員工。如果這個目標長期沒有達成，這個組織的生命就終結了。

2. 資訊過多披露

企業實施合夥制，對股東、合夥人、投資人披露財務資訊，有其必要性。這是合夥制企業籌措資金時應承擔的責任。但資訊過多披露，也會對企業帶來潛在風險。從市場競爭的角度來說，財務會計資訊提供得太多，容易造成商業祕密的洩漏，一旦洩漏，合夥企業將處於不利的競爭地位。

3. 上下集體跳槽

企業上下集體跳槽的背後，通常隱藏著違規問題或極大的經營風險。一方面，企業上下集體跳槽，容易引發公司的形象危機；另一方面，核心管理層集體跳槽，帶走公司技術機密，往往會對企業造成慘重損失。

4. 上級失去控制

實施合夥制，如果上級失去控制權，將對企業帶來潛在的風險。企業創始人因股權處理不當，替自己帶來慘痛教訓的案例比比皆是。

二、合夥制風險規避方法

實施合夥制也有潛在的風險，如果處理不當，容易「一著不慎，滿盤皆輸」。因此，我們可以採取控制、轉嫁、迴避等措施來規避風險。歸納起來，合夥制風險規避，主要有如下幾種方法。

1. 目標管理

目標管理具有一定的激勵功能。目標是靠每個阿米巴成員去實現的，由於目標是自己制定的，個人對其有充分的理解，同時足夠重視，願意為之付出足夠的努力，就會很有信心，並激發出很強的工作力量，產生強大的內在動力，在工

作中實現自我控制。用自我控制的管理代替上級主管壓制性的管理，能充分發揮阿米巴組織成員的聰明才智和創造性，也有利於增強責任感。

2. 資訊披露的風險規避方法

從管理實踐角度而言，資訊披露的核心問題便是所披露資訊的取捨問題，需要對資訊披露的上限做出界定。

3. 上下集體跳槽的改善方法

(1) 未雨綢繆。

確定高風險人群：掌握大客戶、通路資源、核心技術、大權者。

防人之心早備：以薪酬、晉升挽留；趁早簽訂競業協議。

培養接班人選：列入績效協議、明確選人標準、實施開發計畫。

(2) 財散人聚。

內部獨立核算：劃小利潤或成本中心，讓他們成為內部老闆。

出資購買股份：不出錢則不珍惜。

提高關聯福利：收入可以帶走，高福利則其他公司未必能有。

(3)權力分化。

核心技術分化：細分環節匯總到股東；標準化，不指望英雄。

客戶通路歸公：公司跟進、讓利，而不是全部壓到個人身上；淡化個人關係。

矩陣分權制衡：專業與行政並存、三角權力制衡、事前監控。

4. 上級失去控制風險規避

推行合夥人制度來規避控制權風險。我們以 A 公司為例，A 公司創立的合夥人制度，透過公司章程和相關合夥協議，賦予合夥人提名董事會中大多數董事的權力，使合夥人擁有超出其持股比例的董事會控制權。合夥制的實施，有效地防止了野蠻人的入侵，公司的決策、管理權也都牢牢地控制在 A 公司的創始人團隊手中。創始人團隊牢牢控制了 A 公司，控制了董事會，保證公司控制權不旁落他人。

> 思考：你認為如何規避合夥制中的風險？

第六章 阿米巴合夥制激勵模式

第七章
合夥制的實施策略

時代發展呼喚「阿米巴＋合夥制」模式。為什麼只有老闆關心利潤，而員工只關心做事本身？為什麼部門之間喜歡推諉，而只有老闆才能協調？企業要做大做強做久，就需要改變以往企業老闆一個人承擔責任、制定決策、引領發展的局面，需要打造出一支優秀的合夥人團隊。

企業實施合夥制，需要掌握三點思考和四步流程。

第七章　合夥制的實施策略

▍本章目標

① 掌握：三點思考 —— 合夥前奏。

② 掌握：四步流程 —— 合夥設計。

▍形成成果

① 選擇合夥人評估表。

② 合夥人四類許可權表。

③ 四維個人價值評估法。

第一節
三點思考 —— 合夥制的前置準備

實施合夥制，有三點內容需要考慮：其一，何事需要合夥；其二，合夥制的適用場景；其三，與什麼人合夥。

一、何事需要合夥

把企業內部某個業務部門拿出來做成合夥制，由這個業務部門與企業內部多個部門相互交易，這是最常見也最容易實施的做法。

其實施方法如下：

第一，明確各個業務部門是獨立核算的利潤中心，盤點各個部門現有的固定資產、流動資金，也就是相當於明確了這些部門現在有多少家底。

第二，透過阿米巴定價方法「成本推演算法＋市場參照法」，把產品按照一定的層次來進行分類，並對每一類產品建立定價規則、計算公式，以後就按這個規則、這個公式把產品賣給內部各個有需求的部門，同時鼓勵對外銷售。

第三，進行合夥制改造。如果業務部門管理層有信心做合夥人，那就一起合夥做。如果管理層沒有合夥的意願，公司就把這些生產線完全承包給外部或者引進外部合夥人、股

第七章 合夥制的實施策略

東。公司進行內部合夥制改造時，資產按 1：1 的原價賣給內部人員；對外合夥制改造時，就執行談判的結果。

二、合夥制的適用場景

在不同的場景中，企業所選擇的合夥人是各有特點的。根據諮詢經驗，我歸納出合夥制的五個適用場景，更好地幫助企業內部採用合夥制。

第一，要引進高階人才。吸引特別優秀、有突出能力或優質資源的人才加入合夥人，是合夥制普遍適用的場景。

第二，要拆分現有的業務。這個時候拆分出去的部分，最好也採用合夥制。比如某平臺發展壯大後，需要將物流業務拆分出去，那獨立出來的物流部門就適用合夥制。

第三，要變革管理模式。管理模式變更，也是採用合夥制的一個有利的契機。例如將創造利潤的阿米巴註冊成合夥企業，或者至少建立合夥機制，就是非常有利的。

第四，要延伸現有的業務，也是採用合夥制的好時機。

第五，要引進新的專案。這個新引進的專案也適用合夥制，其實業務延伸也相當於開拓新的專案。

以上這五個場景是比較適合採用合夥制的。當然，公司內部要想做好合夥制，由於內部都有交易關係，所以前提是把這個帳算清楚，即定價要定得很清楚。定價不清楚，最後

可能導致幾個合夥人不歡而散。

內部交易的定價，就是計價的方式、方法、規則要確定下來，這就符合阿米巴經營模式的分、算、獎：分得清楚，算得明白，獎得到位。

> 思考：你公司實施合夥制的場景是什麼？

三、與什麼人合夥

對合夥人的選擇，我們需要建立一個比較理想的人才模型。合夥人，一定是願意承擔風險，有承擔風險意識和能力的人。如果過於求穩，也就不適合做合夥人。

對合夥人的選擇，就歸納為「三願三有」。「三願」就是願意接受挑戰，願意承擔風險，還要願意出一定的資金。這是要他發自內心願意的，強扭的瓜不甜。「三有」，即有道德、有能力、有資源。當然還可以細分，比如說有能力，企業需要的是經營能力，還是專業能力等等。我們細分下來，就可以建立一個理想的人才模型。

> 思考：你認為什麼樣的人適合做你的合夥人？

第七章　合夥制的實施策略

第二節
四步流程 —— 合夥設計與推行

如何建立合夥機制和推行合夥機制，一共分為四步流程：確定合夥人、確定權責分工、確定股份占比、確定協議條款。

一、確定合夥人

你跟誰合夥？是長期的人才還是短期的人才？只有弄清楚目的才能找到適合的合夥對象。

(一) 需要什麼合夥人：三維組合

需要什麼合夥人，可透過三維組合確定，即橫向組合、縱向組合、時空組合。層次要有高有低，如果合夥制裡的人才都是同一個級別的，就很難有效提高執行力。

第一，橫向組合。橫向組合包括上游資源（平臺合夥人）、下游終端（生態合夥人）和外部資源（整合成為資源合夥人）等。橫向組合需要控制數量和品質。

上游資源（平臺合夥人）。企業都有「進」和「銷」，上游指的是「進」。原材料、服務來源無非兩種：一種是生產商，另一種是貿易商。企業需要聯結行業內比較知名的上游資源

端,以保障公司長期穩定的貨物供應。因此,為長期保障上游供應,公司需要出讓一部分股份,形成利益共同體,發展資源端成為平臺合夥人。

下游終端(生態合夥人)。「銷」指的是下游。企業需要藉助於通路商、經銷商,而通路商、經銷商又是公司之外的利益體,本身不為公司所占用,以往單純靠銷售分紅的利益關係十分薄弱。因此,在企業無法自主掌握銷售通路的前提下,需要藉助於下游的力量完成銷售,實現輕資產運作。公司可拿出一部分股份,用作對經銷商的股權激勵,促進經銷商與公司互惠雙贏,打造比「短期收益」更加有效的利益關係,即將經銷商發展成為生態合夥人。

外部資源(整合成為資源合夥人)。投資人等外部資源,不跟公司的業務發生直接關係,但是能為公司發展提供資金、資訊等支援。對於資源方的合夥機制來說,以短期的經濟報酬為主。

此外,那些有社會關係的人士,只要能為公司帶來價值,就不要排除在合夥人的範圍之外,包括有客戶資源的、公關資源的、提供管理諮詢與技術指導的等等。

第二,縱向組合。縱向組合主要包括股東層面的創始合夥人、中高層的事業合夥人、業務區塊的營運合夥人、阿米巴單位的第一線合夥人等。在縱向組合中,需要設計不同的

第七章　合夥制的實施策略

類型和層級。層級要有高有低，如果合夥制裡的人才都是同一個級別的，就很難有效提高執行力。

股東層面的創始合夥人。在實踐中，創始人可以成為股東，可以成為董事長，可以成為總裁，還可以成為創始合夥人。創始人對公司發揮重要的作用，創始人之間的關係要優先理順，共創共擔共享，才能使公司做大做強做久。

中高層的事業合夥人。中高層的事業合夥人，主要是指公司的副總、總監、經理等中高層管理人員。合夥人機制、股權激勵不僅能激勵他們全力以赴地工作，還能完善公司治理結構。而給予股份，也就意味著給予責任和賦予未來收益。當公司的發展與每個人的利益有關時，所有人都會「付出不亞於任何人的努力」。

業務板塊的營運合夥人。業務板塊指事業部、分公司、子公司等，通常適用於多元化的公司或集團化企業。發展業務區塊的營運合夥人，可以激勵他們在自己的「一畝三分地」創造更好的業績。

阿米巴經營單位的第一線合夥人。阿米巴經營單位雖然組織規模小，但職能全、數量多。如何激發基層員工的積極性，就顯得尤為重要。可以透過賦予阿米巴團隊充分的責、權、利，制定相應的收益機制，從合夥機制上進行最佳化。

第三，時空組合。時空組合指不同的區域，這個區域是

指員工的來源。比如公司要推展一個新業務,幾個合夥人就要相互認識,最好是合夥人自己組合。

如果是公司成熟的業務,合夥人可以從公司內部提拔。比如公司提拔你當這個合夥人團隊的負責人,但公司並不希望所有的合夥人都由你提出。因為公司沒必要把那麼大的現有的成熟業務和風險都交給你。

(二) 如何選擇合夥人:合夥人評估

合夥人評估就是從前文所述的五個合夥制場景中,選擇有道德、有能力、有資源的合夥人。有道德、有能力、有資源,哪有這麼好的事情?在五個不同的場景中,要有不同的人員選擇,比如公司要引進高階人才,有行銷的高階人才、技術的高階人才等。可以根據每個合夥場景自身的特點,按不同的標準分配 1～5 分,然後面談時替候選合夥人評分,評分結果達到標準配分的比例越高,表示你越能接受他成為合夥人 (見表 7-1)。

■ 操作

根據選擇合夥人評估表,進行合夥人選的評估。

第七章　合夥制的實施策略

成果 9　四步流程 —— 合夥設計

表 7-1　選擇合夥人評估表

		三願		三有			有能力					專業能力				有資源	
				有道德	有擔當	有責任	經營能力			承受能力							
		願冒風險	願出資本	有理想			領導能力	經營能力	管理能力	經營壓力	挫折壓力	經濟壓力	研發能力	生產能力	銷售能力	社會資源	客戶資源	資本資源
願意接受挑戰	行銷人才	5	5	5														
引進高階人才	技術人才	1	1	2														
	管理人才	1	1	1														
	生產人才	1	1	1														
	……																	

第二節 四步流程—合夥設計與推行

	三願			三有											
				有道德			有能力							有資源	
							經營能力	承受能力		專業能力					
願意接受挑戰	願冒風險	願出資本	有理想	有擔當	有責任	領導能力	經營能力	管理能力	經營壓力	挫折壓力	經濟壓力	研發能力	生產能力	銷售能力	社會資源	客戶資源	資本資源
職能拆分																	
產品拆分																	
品牌拆分																	
區域拆分																	
……																	

拆分現有業務

第七章　合夥制的實施策略

		有資源	資本資源							
			客戶資源							
三有			社會資源							
	有能力	專業能力	銷售能力							
			生產能力							
			研發能力							
			經濟壓力							
		承受能力	挫折壓力							
			經營壓力							
		經營能力	管理能力							
			經營能力							
			領導能力							
	有道德	有責任								
		有擔當								
		有理想								
三願		願出資本								
		願冒風險								
	願意接受挑戰			治理結構變革	經營模式變革	組織結構變革	作業方式變革			
				變革管理模式						

196

第二節 四步流程—合夥設計與推行

三有	有資源	資本資源			
		客戶資源			
	專業能力	社會資源			
		銷售能力			
		生產能力			
		研發能力			
		經濟壓力			
	承受能力	挫折壓力			
		經營壓力			
	經營能力	管理能力			
		經營能力			
		領導能力			
	有道德	有責任			
		有擔當			
		有理想			
三願	願出資本				
	願冒風險				
願意接受挑戰	……	革管理模式	上游資源延伸	延伸原有業務	下游終端延伸

197

第七章　合夥制的實施策略

	三願			三有											
				有道德			有能力							有資源	
							經營能力	承受能力		專業能力					
願意接受挑戰	願冒風險	願出資本	願目有理想	有擔當	有責任	領導能力	經營能力	管理能力	經營壓力	挫折壓力	經濟壓力	研發能力	生產能力	銷售能力	社會資源	客戶資源	資本資源
橫向相關延伸																	
橫向多元延伸																	
延伸原有業務 ……																	

第二節 四步流程—合夥設計與推行

	三願			三有			有能力				承受能力		專業能力					有資源		
願意接受挑戰	願冒風險	願出資本		有道德	有擔當	有責任	經營能力										社會資源	客戶資源	資本資源
							領導能力	經營能力	管理能力	經營壓力	挫折壓力	經濟壓力	研發能力	生產能力	銷售能力				
投資型業務																				
研發型業務																				
加工型業務																				
顧問型業務																				
……																				

引進新的業務

二、確定權責分工

選擇了合夥人之後，我們要確定每一個合夥人的分工和責任。合夥人也好，阿米巴也好，追求的目標是透過把責、權、利下移，來激發大家的經營潛力，從而獲得更多的收益。在合夥制中，要把每一個人的職責說清楚。我認為，真正的合夥人一定要對經濟負責任，對收益負責任。所以，經營者的責任可以簡單理解為對「財務資料」負責，管理者的責任可以簡單理解為對經營活動的「過程資料」負責。

（一）主要責任

我們可以把合夥人的第一級責任分為五個層次，分別為對資產收益負責、對經營利潤負責、對銷售收入負責、對成本降低負責、對費用節約負責。

第一，對資產收益負責。通常對這個指標負責的往往是合夥事業的最高決策人，比如董事長或總經理。責任越大，權力也就越大；權力越大，經營活動選擇的空間也就越大。

第二，對經營利潤負責。作為經營者，要對企業的銷售利潤負責，也就是說，盈利還是虧損與經營者的決策有關。

第三，對銷售收入負責。銷售人員只負責把東西賣出去，產品價格由老闆說了算，所以老闆對銷售收入負責。

第四，對成本降低負責。成本降低與費用節約是兩個概

念,所以要分成兩種不同的責任,或是獨立核算的阿米巴。對降低成本負責的往往是擔任研發、生產、採購的合夥人。所以,我喜歡用「成本降低」而不是「成本控制」來確定合夥人的責任。

第五,對費用節約負責。所謂費用,從財務專業的角度來說,主要包括管理費用、銷售費用、財務費用三大塊。

節約費用與降低成本不同,要根據不同的費用科目才能確定是不是要「節約」,因為有的費用節約了,就「極有可能影響到產品或服務的品質」,這主要包括「三大開發費用」,即人才開發、產品開發、市場開發。除了「三大開發費用」外,有的費用是可以導向節約的。

合夥人,特別是對經營負責的合夥人,其壓力比一般的經理人更大。阿米巴經營模式和合夥制的關係,就像鋼筋和水泥的關係,非常吻合。

> 思考:你如何理解「阿米巴經營模式和合夥制的關係,就像鋼筋和水泥的關係」?

■(二)量化分權

量化分權,一般來說有四大類:人事權、財務權、業務權、資訊權。

第七章　合夥制的實施策略

設計量化分權，我們可以採用「置頂思考」往下推演，也就是看某一類許可權的最大授權是什麼，能不能把這個許可權賦予相關合夥人。如果不能，那麼就退而求其次；還不行，就求再次。

根據我的經驗，這四類許可權從大到小如表 7-2 所示，大家可以參考使用。

▌操作

按照合夥人四類許可權表，填寫各級合夥人的許可權。

▌成果 10　合夥人四類許可權表

表 7-2　合夥人四類許可權表

第一級主管		第一級合夥人	第二級合夥人	第三級合夥人	……
		第二級主管	第三級主管	……	
人事權	錄用權				
	解僱權				
	晉升權				
	調職權				
	調薪權				

第二節　四步流程─合夥設計與推行

第一級主管		第一級合夥人	第二級合夥人	第三級合夥人	……
		第二級主管	第三級主管	……	
財務權	固定資產				
	生產資料				
	辦公費用				
	銷售費用				
	對外捐贈				
業務權	銷售政策				
	研發確認				
	品質標準				
	生產工藝				
	對外關係				
資訊權	資產回報				
	稅後利潤				
	稅前利潤				
	營業收入				
	成本費用				

三、確定股份占比

難點和重點是確定股份占比：二類入夥價值、三種合夥時態、四層個人估值方法、五種企業估值方法。

第七章 合夥制的實施策略

■（一）二類入夥價值

我前面說過「出錢多的不一定股份多」，因為合夥人用於入夥的價值有兩種：出錢、出力。這裡又可以細分成多種情形，不同的情形會影響對合夥人入夥的價值評估。如圖 7-1 所示。

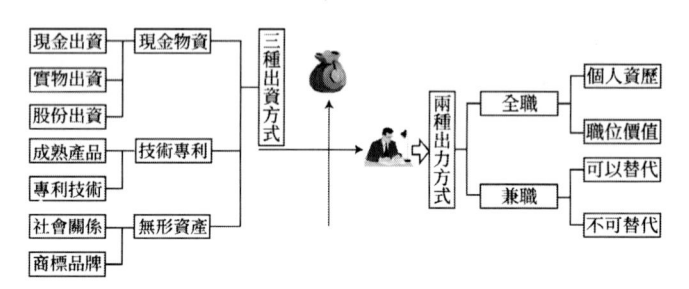

圖 7-1 合夥人入夥價值評估

從圖 7-1 中我們不難看出，出力有兩種方式：一種是全職，另一種是兼職。全職分為做一般的合夥人，還是做掌舵的合夥人。兼職也有可以替代和不可以替代兩種方式。

出資的方式有三種：現金物資、技術專利、無形資產。第一種，現金物資。這種包括現金出資、實物出資、股份出資三種形式。

第二種，技術專利。如果你沒錢，但是有研發產品，有專利技術，也可以作為合夥出資的方式。如果你有成熟的產品，可以給你 10% 的股份；如果你只有一個專利，只能給你 2% 的股份。當然，這只是舉個例子，在實作的過程中，股份

占比是可以商量的。

第三種,無形資產。你有好的商標品牌,或者你的社會關係廣泛,能夠對公司融資或業務有所幫助,也可以作為出資的方式。當然,這種方式是不好評估的。

在評估合夥人的入夥價值時,要注意如下幾點:

第一,出資合夥人與出力合夥人事先達成共識。要以書面的形式確認雙方約定的內容並簽字。內容主要是經營權和股權(財)的關係約定,出資合夥人只在股東層面行使自己的權力,比如投資決定權、融資決定權、分紅決定權、撤資決定權,而不插手經營事務。

第二,出資合夥人是否共享資源。出資合夥人如果擁有與公司相關聯的資源(如客戶資源),是否可以提供給合夥企業,最好事先明確下來。

第三,出力合夥人最好擁有絕對控股權。合夥人分為只出資不出力、只出力不出資兩種類型,前者的目標是投資報酬,後者的目標是能力報酬。因此,在合夥之初,出力合夥人最好擁有絕對控股權,以保證公司的發展不被資本綁架,也能激發出力合夥人付出不亞於任何人的努力。

(二)三種合夥時態

三種合夥時態包括合夥成立新企業、合夥投資老企業、合夥經營老企業。第一種是主導經營,第二種是無經營,第

第七章 合夥制的實施策略

三種是管一部分。參與者的參與程度不一樣,結果就不一樣。如圖 7-2 所示。

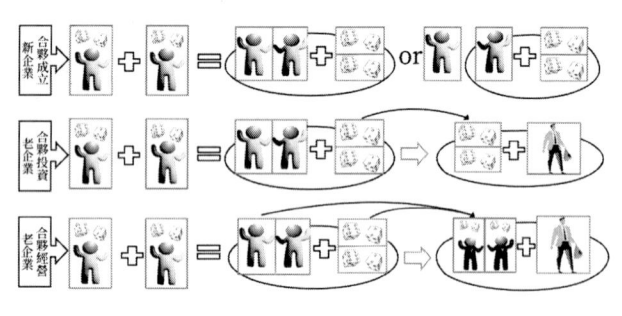

圖 7-2 三種合夥時態

第一種合夥時態是合夥成立新企業,要求主導經營。企業要評估你的股份占比,首要的就是看你手中有價值的東西。

第二種合夥時態是合夥投資老企業,無須參與經營。高階管理者成立合夥企業,向老企業投資,將獲得一定比例的股份。老企業本身有總經理、副總經理,這個合夥企業投資老企業,只有股份,無須再參與老企業的經營。

第三種合夥時態是合夥經營老企業,參與經營,甚至主導經營。合夥人需要像創業者一樣全心投入,投資入股,參與管理,分享企業成長帶來的價值。

(三) 四層個人估值方法

一個人在合夥事業中股份占比多少,不只取決於出錢多少,出力也是可以折算成股份的。

一個人對公司是否有價值,要看你的價值用在哪個地方。出錢、出力分別有多種形式。出錢多少一目了然,可是出力怎樣折算成股份呢?到底是出錢重要還是出力重要?這不能簡單回答,要看合夥事業的具體情況。我把合夥事業分為四種情況,如表 7-3 所示。

表 7-3　合夥事業的四種情況

	出錢	出力	合夥企業	對外投資
情形一	所有合夥人	所有合夥人	經營主體	不對外投資
情形二	所有合夥人	部分合夥人	經營主體	不對外投資
情形三	所有合夥人	都不出力	投資主體	只對外投資但不參與經營
情形四	所有合夥人	部分合夥人	投資主體	投資且參與但不主導經營

合夥企業又可以根據經營範圍分為輕資產企業、重資產企業。

所謂輕資產企業,簡單說來就是企業的經營與發展主要是依靠人的智力、社會關係等,不需要投入多少固定資產,擴大再生產也不取決於現金流與固定資產,當年的利潤很大

第七章　合夥制的實施策略

比例都可以用來分紅，就是「錢沒有那麼重要，人才才是最重要的」。

所謂重資產企業，特徵與輕資產企業相對，恕不贅述。

▎操作

你公司推行合夥制，面對的是哪一種情形？請自行評估。

情形	出錢	出力	合夥企業	對外投資

第二節　四步流程—合夥設計與推行

■ 成果 11　四層個人價值評估法

				合夥＋全程經營		合夥＋投資＋不經營		合夥＋投資＋主導經營		合夥＋投資＋參與經營	
				輕資產企業	重資產企業	一次投融資	多次投融資	輕資產企業	重資產企業	輕資產企業	重資產企業
出力	全職	職位價值									
		個人資歷									
	兼職	不可替代	平時支持	沿革指導								
				間或顧問								
			危機公關	致命損失								
				重大損失								
				一般損失								
				輕微損失								
		可以替代	內部人情								
			外部人情								

			合夥＋全程經營		合夥＋投資＋不經營		合夥＋投資＋主導經營		合夥＋投資＋參與經營	
			輕資產企業	重資產企業	一次投融資	多次投融資	輕資產企業	重資產企業	輕資產企業	重資產企業
出資	現金物資	現金出資								
		實物出資								
		股份出資								
	技術專利	成熟產品								
		專利技術								
	無形資產	商標品牌								
		社會關係 商業關係								
		社會關係 政策關係								

▊(四) 五種企業估值方法

針對上市公司和非上市公司，共有五種企業估值方法：市盈率 PE 法、市淨率 PB 法、市場法、收益法和資產法。具體內容見表 7-4。

表 7-4　五種常用企業估值法

方法名稱	計算公式	參考資料	適用對象
市盈率 PE 法	市盈率＝每股價格／每股收益 每股價格＝每股收益 × 市盈率	市盈率可參考同行上市公司資料	輕資產企業
市淨率 PB 法	市淨率＝每股價格／每股淨資產 每股價格＝每股淨資產 × 市淨率	市淨率可參考同行上市公司資料	重資產企業
適用於初創或無利潤的企業	公司價值＝市盈率 × 未來 12 個月的利潤或未來 3 年平均利潤	同行上市公司市盈率為 30 ～ 40 倍 同行同等規模的非上市企業市盈率為 15 ～ 20 倍 同行規模較小或初創企業市盈率為 7 ～ 10 倍	適用於成熟且有利潤的企業
	公司價值＝市銷率 × 未來 12 個月的收入或未來 3 年平均收入	標準普爾平均市銷率確定為 1.7 軟體公司平均市銷率為 10 左右 零售行業平均市銷率為 0.5 左右 上市公司平均市銷率 2.13	

第七章 合夥制的實施策略

方法名稱	計算公式	參考資料	適用對象
收益法	收益率＝每股收益／每股價格 每股價格＝每股收益／收益率	初創期收益率 50%～100%	適用較廣
		企業早期收益率 40%～60%	
		企業晚期收益率 30%～50%	
		更成熟的企業收益率 10%～25%	
		網路企業 5 年成長 10 倍，則其平均收益率為 200%	
資產法	公司價值＝公司淨資產 × 折算倍數 淨資產收益率＝稅後利潤／所有者權益	清算階段資產打折 10%～100%	適用於重資產企業，估值最低
		0 元收購但承擔債務	
		重置階段淨資產的 80%～100%，無形資產重估	

1. 市盈率 PE 法

上市公司一般都會應用這種方法估值，適用於輕資產企業。其計算公式：

市盈率＝每股價格／每股收益

市盈率反映了企業的利潤狀況。如果把公司賣出去，大概能有 7 倍收益，那麼公司的市盈率就是 7 倍。根據這個公式，我們可以換算成以下公式：

每股價格＝每股收益 × 市盈率

怎麼知道這個市盈率是多少？可以參考同行的上市公司的資料。對於買股票的人來講，市盈率越低越好；對於賣的人而言則相反。不管你用什麼評估方法，都只是做一個大概的價值評估。

2. 市淨率 PB 法

上市公司多用此法，其適用於重資產企業。計算公式：

市淨率＝每股價格／每股淨資產

一般來說，市淨率較低的股票，投資價值較高；相反，則投資價值較低。但在判斷投資價值時，還要考慮當時的市場環境，以及公司經營情況、盈利能力等因素。

應用市淨率 PB 法估值時，首先，應根據稽核後的淨資產計算出每股淨資產；其次，根據行業情況（參考同行上市公司的市淨率）、經營狀況及其淨資產收益等擬訂估值市淨率；最後，依據估值市淨率與每股淨資產的乘積決定估值。

3. 市場法

非上市公司一般都會應用這種方法估值。市場法有兩個計算公式，第一個計算公式為：

公司價值＝市盈率×未來 12 個月的利潤或未來 3 年平均利潤

這種方法適用於成熟且有利潤的企業。如果同行上市公司市盈率為 30～40 倍，則同等規模的非上市公司的市盈率為 15～20 倍，同行規模較小或初創企業市盈率為 7～10 倍。第二個計算公式為：

公司價值＝市銷率×未來 12 個月的收入或未來 3 年平均收入

這種方法適用於初創或無利潤的企業，尤其是未來成長速度較快的企業，比如網路企業。

4. 收益法

收益法指投資的報酬率，非上市公司多採用此法。其計算公式為

收益率＝每股收益／每股價格

常見收益率即資本成本範圍。初創期收益率是 50%～100%的報酬，等公司穩定了，你的報酬就低了。企業早期收益率為 40%～60%，企業晚期收益率為 30%～50%，更成

熟的企業收益率為 10%～25%，網路企業 5 年成長 10 倍，則其平均收益率為 200%。

企業越成熟，收益率越低。這個企業各業務發展已經很成熟，如果有融資的需求，一般都傾向於向銀行貸款，或者公司沒有別的資產進來，才會要個人的錢。成熟企業的客戶、產品、技術、管道、管理都很穩健，一個穩健的企業市盈率就高。

5. 資產法

非上市公司多採用此法，適用於重資產企業，估值最低。當你用資產來談判的時候，很吃虧。其計算公式是

公司價值＝公司淨資產 × 折算倍數

應用資產法，主要發生在企業清算階段和重置階段。

(五) 確定合夥人股份比例

現在我們可以根據以上內容來嘗試評估一下除現金出資外的價值如何折算成合夥企業的股份。

1. 替各個維度、子維度設定權重

要想認真做好這一步，其實也不簡單，方法大致分為三類：主觀權重法、客觀權重法、組合整體權重法。每一類方法又可以細分成很多種算法，我就不一一介紹了。大多數企

業喜歡用主觀權重法，這種方法主要就是透過有經驗的專家結合現狀來設定權重，並不斷在實踐中加以修正。

（1）先對「出錢」和「出力」這兩個因素分配權重或分值。

（2）如果所有合夥人都是全職，而且都是做技術出身的，那麼職位價值就占90%、個人資歷就占10%。職位就採用國際通用的「職位價值評估體系」來打分，個人資歷主要看其在本行業的經驗、技術職稱等。

2. 確定各人的股份占比

確定每一個合夥人的股份比例，就回到我們前面的一句話了，「出錢多的，不一定股份多」，這很重要。這也是合夥機制或者合夥企業非常靈活的優勢。

為什麼會說出錢多的不一定股份多呢？我們知道可以記入股份的合夥人有兩種價值：要麼出錢，要麼出力。

出錢當然直接轉化為股份，但是出錢也有很多種。出現金，很容易轉化成股份。如果出的是技術呢，就要去評估了。出的是無形資產，更要評估，要折現。無形資產如果不轉化為實際價值的話，就沒有什麼價值。所以，這三種都是出資的方式。

出力也有兩種：一個是全職，一個是兼職。第一個全職很好理解，就是在公司有負責的職位，根據職位價值和個人資歷確定股份占比。第二個兼職的情況也分很多情形，比如

第二節　四步流程—合夥設計與推行

平時可以對公司的發展進行指導或提供業務諮詢，遇到緊急狀況可以進行危機公關，還有就是自己的社會資源可以為公司發展提供幫助。這些個人價值也可以轉化為公司的股份。

在一家企業裡，「出錢多的，不一定股份多」。出資多少和股權占比不一定會成正比，即使出錢一樣多，股權占比結果也會有所不同，入股方式才是決定股權大小的關鍵要素。入股方式包括技術入股、管理入股、通路資源入股等，有的合夥人入股方式是現金＋全職，有的入股方式是現金＋技術＋全職，有的入股方式是社會關係＋兼職。只有分析出權重比才能確定合夥人股份比例。

例如在技術入股中，技術就是核心競爭力的一個關鍵因素，經過內部初步評估和法人評估達成一致，確定技術的價值，從而確定技術入股的占比。如果合夥人是以技術專利入股，幫助公司進行產品自主研發和創新，那麼該合夥人可能雖然出很少的錢，但可以占很大比例的股份。而最開始出錢多的合夥人，現在對公司價值不大，不一定股份多。

四、確定協議條款

第四步就是要確定協議條款。

合夥制企業本身定義就是把合夥協議作為本企業的最高行為準則。如果是有限責任公司，則有公司章程，股東協議

第七章 合夥制的實施策略

不能超越公司章程的範圍。而合夥企業所有股東共同訂立的、都認可的協議，就是這個企業的最高行為準則了。

設計合夥協議，需要找專業人員幫助。為了避免合夥人相互之間的不愉快，需要專業顧問來設計合夥協議，或者是找律師提供幫助，但是律師可能只是從規避法律風險的角度來提建議。所以，真正要做好一個合夥企業，包括怎麼經營，怎麼合夥，最好找專家顧問，他考慮的問題會比較全面一些。

確定協議條款。條款的內容有哪些呢？這正是我們下一章要講的，就是合夥制的五大機制，這五大機制的內容確定清楚，可以減少甚至避免合夥人之間的不愉快。

合夥制的協議，很多內容是需要協商的，比如出資數額、盈餘分配、債務承擔、入夥、退夥、合夥終止等事項，協商好之後，才能訂立書面協議。

第八章
合夥制五大機制的建構

　　合夥制的五大機制,包括責任與授權機制、目標與考核機制、審計與監察機制、分配與激勵機制、退出與結算機制。合夥制的五大機制,是為了在合夥人的協議裡把應該約定的條款詳細列出,能想到的問題應提盡提,以避免或減少以後合作中發生不愉快。

第八章　合夥制五大機制的建構

■ 本章目標

① 理解：責任與授權機制。
② 理解：目標與考核機制。
③ 理解：審計與監察機制。
④ 理解：分配與激勵機制。
⑤ 理解：退出與結算機制。

■ 形成成果

合夥人股權基本結構與配比。

第一節　責任與授權的協同運作

1. 明確責任

選擇合夥人之後，就要把合夥人的分工、責任明確下來。最好是能夠關聯到企業經營的經濟責任，而不是一些定性的、泛泛而談的責任。約定好每個人是對資本負責，對利潤負責，對成本負責，還是對預算的費用負責。

這些責任的內容必須量化，沒有達到目標的，輕則減少年薪、行政降級，重則減少股份，直至退出合夥人。

每位合夥人的責任必須寫入合夥人協議之中或作為合作協議附件。

2. 授權機制

授權也要量化、細分。

合夥企業中的事，到底誰最終說了算，必須有明確的規則。人事權、業務權、資訊權、財務權，都必須有明確規定，要賦予高階管理者為達成目標所需要的清楚的許可權。如果規則不合理、有問題，可以修改，這種合夥制就比較長久。如果合夥企業裡面的職責和許可權不明，則合夥制很容易崩潰。

> 思考：你如何理解合夥制的責任與授權機制？

第八章 合夥制五大機制的建構

第二節 目標與考核的執行保障

在合夥制中，不同的人對應的經濟責任可能就不同。

比如，對資本負責的人，那麼他的目標導向就是讓資本保值增值。因此，他的考核的第一級指標就是投資報酬或者EVA，就是資本附加值。第二級指標可能有很多，比如資本增值率、年化報酬率、回收及時率、投資管理的費用占比等。

如果是對利潤負責的人，目標導向就是超越利潤。他的考核的第一級指標，就是目標利潤達成率。第二級指標也有很多個，比如新客戶的成長率，新產品銷售占總銷售額的比例。

如果是對成本負責的人，他的目標導向就是要低於目標成本。他的考核的第一級指標應該就是目標成本的控制力。那麼第二級指標可以轉化成好幾個，如設備運轉率、產品直通率、品質合格率以及準時交貨率。

如果是對預算的費用負責的人，他的目標導向就跟前面三個有點不太一樣了。他未必要強調降低多少預算的費用，而要強調的是把事情辦得更好，因此考核的是各個過程性的指標。比如員工滿意度、員工流失率、項目申報成功的個數、財務費用率等。

▍操作

設計目標與考核機制。

第三節　審計與監察的全面涵蓋

審計與監察機制主要是列一個清單，說明審計哪些事情，監察哪些事情。清單列得越詳細，審計、監察就越能做到有的放矢。

比如第一級選單是監察經營計畫與執行的情況，第二級選單就是財務監審、風控監審、日常的營運監審。營運監審又包括採購監審、行銷監審等。採購監審包括採購的流程、供應商的選擇、價格的比較等。行銷也是一樣的，對廣告的投放是否正確，要列個清單出來。

我們要注意的是，審計監察不能變成被審計監察的管理者、頂頭上司。你只能審計監察他做的事情是否合規，至於這個事情本身是否該做，不是審計監察的責任，也不在審計監察的權力範圍內。

思考：實施合夥制為什麼必須要有審計與監察機制？

第八章　合夥制五大機制的建構

第四節　分配與激勵的雙向平衡

我們在前面談到了「出錢多的，不一定股份多」，這裡就詳細闡述「股份多的，不一定分紅多」。這兩個方面的內容是合夥人機制的核心內容。

「股份多的，不一定分紅多」。假設躺平後你的績效做不好，就會影響你的股份比例。不能說我拿到這麼多股份，以後我躺平也按這個股份來分紅。

本節內容尤其重要，也較複雜，我將本節知識點及其邏輯關係寫出來，方便讀者理解。

一、分配機制

每位合夥人都有合夥價值，有的出錢，有的出力，有的出無形資產。但是在不同目的的合夥企業裡，出錢、出力、出「名」的價值是要重新被評估的。

合夥制的分配，主要包括收入來源、分紅方法和增值收益。

1.四種收入來源

合夥人的收入來源，歸納為四種：薪資（勞動報酬所得）、獎金（超額貢獻所得）、股息（資本保障收益）、股紅（資本增值收益）。

第四節 分配與激勵的雙向平衡

(1)第一種收入：薪資 —— 勞動報酬所得。

如果從其他合夥人中選擇高階管理者，年薪和獎金就不可能完全市場化了，通常有以下三種處理方法：

①固定月薪＋年終超額獎金。

約定一個相比市場薪酬水準較低的月薪，一般在其50%～80%，再加上超額完成目標利潤的獎金。既然固定薪資偏低，又是超出利潤目標的，那麼獎金比例就應該高一些。

②約定年薪總額，部分以分紅的方式表現。更大的收益不能指望年薪，而是利潤分紅、資產增值，甚至是上市。

③年薪全部以優先分紅方式表現。

這與上一條規則有點類似。我們請不起你這麼優秀的總經理人才，但我們請你合夥，你對經營也有信心，如果出力多，我們也不虧待你。這種方法主要是根據職位價值的高低，結合市面上的薪資水準來確定合夥人的薪資，當然也可以一起商量，約定每位合夥人的基本年薪。

(2)第二種收入：獎金 —— 超額貢獻所得。

作為合夥人，也可以做個人的業績分紅。當然我們更希望合夥人帶團隊，最好是拿團隊的業績分紅，即團隊超額目標獎金。只要合夥人超出了考核指標的要求，就可以拿到目標超額獎。

第八章 合夥制五大機制的建構

(3)第三種收入：股息 —— 資本保障收益。

(4)第四種收入：股紅 —— 資本增值收益。

股紅，即資本增值收益，簡單來說是股份分紅。合夥企業的分紅規則不像有限責任公司或股份有限公司那麼刻板，只是按股份比例分紅。

> 思考：你如何理解「股份多的，不一定分紅多」？

2. 三個增值收益

合夥人除了上述四種直接收入外，還有三個間接的增值收益，即商譽、借貸和交易。有時候這些增值收益甚至遠遠超過直接收入，這也是做合夥人比純粹上班更有長遠利益之處。

二、激勵機制

激勵，即鼓勵你做得更好，就會分得更多。所以，分配與激勵機制是整個合夥制裡面非常重要的部分。

■(一)阿米巴股權激勵關鍵點

阿米巴是一個獨立核算的經營單位，並且形成金字塔結構：一個第一級阿米巴包含多個第二級阿米巴，一個第二級

第四節 分配與激勵的雙向平衡

阿米巴又包含多個第三級阿米巴；以此類推。阿米巴股權激勵，概括起來主要有以下幾個關鍵點：

1. 用於激勵的股份來源於本巴

企業容易把股權激勵做成股權分配或股權買賣，沒有激勵的成分在裡面。

而阿米巴股權激勵就不一樣了，研發總監的股份來自研發中心這個阿米巴，公司給你 0.2% 的股份，如果折算成研發中心的股份，那就可能是 20% 了。而且阿米巴是內部交易、獨立核算的，這降本得來的 500 萬元就是研發中心阿米巴的收益。按剛才分紅的算法，可以分到 500 萬元 $\times 20\% = 100$ 萬元，激勵效果就很明顯。

2. 個人股份分散在上下三級相關聯的阿米巴中

由於阿米巴之間是內部交易、獨立核算、自負盈虧，就可能導致巴長過於關心短期利益、局部利益、物質利益，從而可能損害整個公司的長期利益、整體利益、精神利益。因此，我提出在實施阿米巴模式時一定要維持好三大平衡，即長期利益與短期利益的平衡、局部利益與整體利益的平衡、物質利益與精神利益的平衡。

阿米巴股權激勵能夠解決這個問題，我們採用的是「阿米巴三級股份模型」。比如你是一個第三級巴的巴長，按照上一條的說法，你的股份源自於你所在的某個第三級巴，那麼

其中一部分的股份要放到你的上級巴和上上級巴，即第二級巴、第一級巴裡。

3. 阿米巴的股份可動態折算成公司的股份

公司在進行股權激勵時，大家都拿到了一樣占比的股份期權，但是折算到各巴去，由於每個銷售區域的資產或估值都不相等，因此每個人占各自所在區域巴的股份也就不同了。這是原始的公平。3 年以後，每個區域的經營狀況肯定會發生變化，從而導致每個區域巴的資產或估值相對初始時或增或減，或多增或少增。行權期到了，大家都需要有條件地購入當初承諾的股份配額，但是需要根據各區域巴現有的資產或估值來計算。如果你的區域成長較多，獲得的就不止當初的股份配額，反之則少。

▍成果 12　合夥人股權基本結構與配比

	2024 年	2025 年	2026 年
長期激勵方式	認購權	分紅權、參與權	合夥經營權
合夥人人數			
股權結構			
能力結構			
激勵對象			
持股方式	出資	購買＋配送	購買＋配送

(二) 縱向激勵

阿米巴經營模式的特點是可以不斷地分裂或合併,其分裂或合併的方向有兩個:一個是阿米巴橫向裂變或合併;另一個是阿米巴縱向裂變或合併。如圖 8-1 所示。

縱向激勵是對有上下級關係的阿米巴進行激勵的方案。在進行阿米巴股權激勵時,也要分兩種情況:未裂變和組合時,有裂變和組合時。

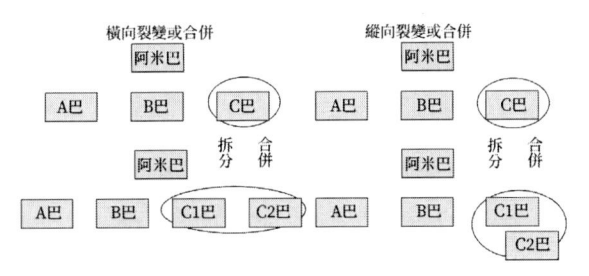

圖 8-1 阿米巴經營模式的分裂與合併

1. 阿米巴未裂變和組合時

當阿米巴組織體系處於靜態的時候,也就是阿米巴的個數、級數都沒有變化時,「阿米巴三級股權激勵模型」操作分為五步:

第一步,確定每位激勵對象在總公司的股份配額(T)。

第二步,確定有垂直關係的三個等級阿米巴分別占股份配額(T)的比例(X1、X2、X3)。

第三步，確定激勵對象分別在三個等級阿米巴裡的股份配額 [（T1～T3）= T×（X1～X3）]。

第四步，確定各巴的淨資產或估值（G1、G2、G3）。

第五步，確定激勵對象分別在三個等級阿米巴裡的股份占比 [（Y1～Y3）=（T1～T3）÷（G1～G3）×100%]。

▎操作

按照如上步驟，設計阿米巴激勵方案。

2. 阿米巴有裂變和組合時

阿米巴縱向裂變就是一代一代往下延伸，產生新的阿米巴，並且整體趨勢上，下一代阿米巴的數量會多於上一代，這也是阿米巴經營模式能夠使得企業做大、做久的根本原因之一。

公司如果有條件，當然是鼓勵各級阿米巴不斷延伸、裂變。阿米巴延伸、裂變時，對原巴長、新巴長及核心人員的激勵有三種做法。

（1）均由總公司控股。

如圖 8-2 所示，阿米巴每延伸、裂變一級，該阿米巴的合夥人均由總公司、上一級阿米巴、本級阿米巴構成，而且股份比例也一致規定，即新延伸、裂變出去的本巴巴長和核心人員占本巴股份的 20%、上級巴占 10%、總公司占 70%。但阿米巴經營報表是一級一級往上合併的。

第四節　分配與激勵的雙向平衡

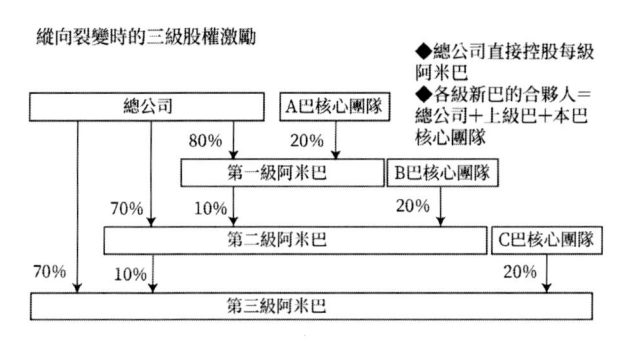

```
縱向裂變時的三級股權激勵                    ◆總公司直接控股每級
                                              阿米巴
    總公司          A巴核心團隊           ◆各級新巴的合夥人＝
         80%          20%                    總公司＋上級巴＋本巴
                                              核心團隊
              第一級阿米巴     B巴核心團隊
         70%   10%          20%
                   第二級阿米巴          C巴核心團隊
    70%    10%                     20%
                        第三級阿米巴
```

圖 8-2 總公司控股法

①該方法適用的企業或行業的特點：

a. 必須由總公司加強管控的，一般過於放鬆，就可能導致產品和服務品質出現問題，甚至商譽受損，屬於集團管控模式中「操作管控」。比如麥當勞，總公司對商標、原材料、輔料、加工工藝等都是有嚴格限制的。

b. 在日常經營、管理、操作過程中，可複製性、標準化程度較高，下級阿米巴不需要太多的自由、創新。

c. 市場競爭不算激烈，最多是「數量」級的競爭，即競爭的手段、方式也都屬於普遍性、常規性的，並不需要各個下級阿米巴根據複雜的競爭情況而自主策劃。比如很多品牌公司的直營連鎖店就屬於這種，不想失去流通領域的利潤，更重要的是擔心加盟店賣假貨。

②該方法的優點：

管控較嚴，公司的安全係數較高，包括資產的安全、經

第八章 合夥制五大機制的建構

營的安全,甚至對於員工一起辭職創業的同行也能發揮一定的預防作用。

③該方法的不足:

a.上面講了安全係數較高,那是從自上而下的角度來看;反過來,自下而上就不安全了。因為任何一個子公司都由總公司控股,如果下面發生重大錯誤,就會追責到總公司,由總公司來承擔。沒有防火牆,這也是很危險的。

b.由於管控權收歸總公司,削弱了中間層的力量。如果總公司的管理能力不足以支撐因為扁平化後而顯得龐大的組織,一旦決策錯誤、出現重大閃失,公司很容易土崩瓦解。

(2)均由上級阿米巴控股。

如圖 8-3 所示,新延伸、裂變出去的本巴巴長和核心人員占本巴股份的 20%,這一點與前一種做法、配股是一致的,但它由第一級阿米巴控股 80%。

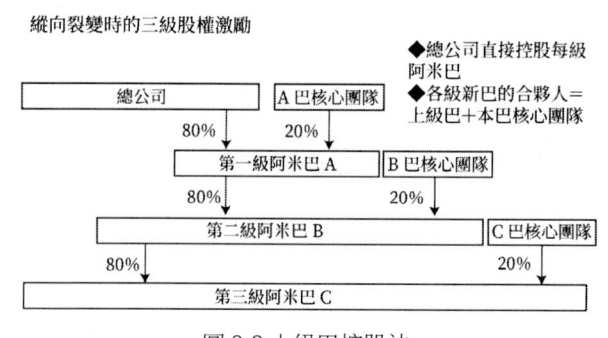

縱向裂變時的三級股權激勵

◆總公司直接控股每級阿米巴
◆各級新巴的合夥人＝上級巴＋本巴核心團隊

```
總公司 ──80%──┐   A巴核心團隊 ──20%──┐
              ↓                      ↓
           第一級阿米巴 A
              │
              └─80%─┐   B巴核心團隊 ──20%──┐
                    ↓                      ↓
                 第二級阿米巴 B
                    │
                    └─80%─┐   C巴核心團隊 ──20%──┐
                          ↓                      ↓
                       第三級阿米巴 C
```

圖 8-3 上級巴控股法

（3）動態激勵。

我們在做諮詢專案時，往往還會加上一個時間面向，形成動態激勵。比如第一種、第二種方法，都是新延伸、裂變的巴長及核心人員占本巴股份的 20%，這是指剛剛成立新巴的時候。隨著時間推移，加上業績考核，如果新巴經營得非常好，是可以提高這個比例的。最多可以提高到什麼程度呢？沒有標準答案，主要考慮這幾個要素：生產力的關鍵要素——勞動力（人）、勞動資料（工具）、勞動對象（材料與產品）；大股東的意願與胸懷；制度保障；有條件的讓渡；讓股不一定讓權等等。

（三）橫向激勵

橫向激勵是並列關係的兩者或多者進行比較後的激勵，也是一種動態激勵。

橫向動態股權激勵的操作步驟如下：

第一步，確定激勵對象在公司層面的股份總配額。

第二步，確定激勵對象在三個等級阿米巴裡的股份分配比例。

第三步，確定動態調整的要素與權重。

第四步，重新分配激勵對象留在總部的股份配額。

第八章 合夥制五大機制的建構

第五節 退出與結算的透明化操作

合夥協議本身就有一個期限，那作為合夥人，他怎麼退出？退出時候怎麼結算？

一、六個退出原因

在合夥企業中，如果你完成不了合夥人的使命，只能選擇退出。一般合夥人退出，歸納總結有六個原因。

第一，期滿退出。合約期滿、協議期滿，合夥人可以退出。

第二，淘汰退出。合夥人沒有完成當初預期的業績，沒有做出當初預期的貢獻，被公司淘汰。

第三，榮譽退出。合夥人到了年齡，由於其為這個團隊做了比較大的貢獻，因此公司為其保留了一定的榮譽，但是其作為合夥人已經退出。

第四，破產退出。這個合夥企業做得不好，或者這個合夥制的阿米巴做得不好，被別的企業或企業內部的其他阿米巴給併購了，這就叫破產退出。

第五，重組退出。比如這個合夥制企業需要增加新的資金、新的股東，進行資產重組，那有的合夥人就不想繼續了，這也是一種退出。

第六，上市退出。如果公司上市了，那麼我們作為小股東所占的這部分的股份就退出了。

> 思考：阿米巴合夥制為什麼需要有退出機制？

在實作的過程中，也許還會有一些其他的情形，在此不一一說明了。

二、退出如何結算

合夥人退出之後，如何結算呢？

協議期滿退出，大家就按照當初的股份比例，承擔這個合夥企業的債權債務。如果有約定，那就按約定執行。

淘汰退出，是帶有一定的懲罰性質的。合夥人當初承諾的業績遠遠沒有達到，就只能淘汰退出。具體如何結算，看協議怎麼規定。

榮譽退出。所謂的榮譽退出，就是合夥人年齡大了，應該退休了。這個合夥企業可以保留他的股份，但是有一定的期限。

上市退出。這個可以根據上市公司相關的法律法規結算。重組退出。合夥企業需要加大投資，那合夥人不想繼續

第八章　合夥制五大機制的建構

投入,甚至不想出力了。如果有盈利,你不想做了,那至少我還會把本金歸還給你;如果是虧損,你不想做了,是沒有權利要求其他的合夥人,來補償你當初出的資金的。

破產退出。這種情形跟淘汰退出差不多,你基本上沒有經營好,主要是有債務。有限合夥人就不再承擔這個企業的債務了。破產退出,基本上合夥人也有債權,所以關於退出機制的條款,約定得越詳細就越好,大家開開心心地散夥。

五大機制,責任與授權機制、目標與考核機制、審計與監察機制、分配與激勵機制、退出與結算機制,都應該是合夥協議裡規定清楚的。有一個明確的紀錄,有一個分工的責任,也有規範的退出機制,這樣才能把合夥企業共同經營好。

▍操作

根據合夥人退出原因,將採取不同的結算方式。

退出原因	結算方式	結算結果

第九章
合夥制的進階與最佳化

　　如何將企業的「青春」延長？根據我們的經驗總結：把企業做成平臺，企業才能做大；把平臺做成阿米巴，企業才能做強；把阿米巴做成合夥制，企業才能做久。我們按照貢獻價值，把每一個人的積極性進行轉化。你做了老闆，就要付出不亞於任何人的努力，這個創造力肯定是不一樣的。

第九章　合夥制的進階與最佳化

▌本章目標

① 掌握：三種合夥範圍擴大化。

② 理解：四級合夥層次晉級化。

③ 理解：五個產業鏈延伸。

④ 理解：從合夥制升級到平臺化。

▌形成成果

阿米巴未來 3 年策略計畫。

第一節　合夥範圍的多層次拓展

企業的業務擴大、區域擴大、人數擴大，導致合夥範圍擴大。透過推行合夥人機制，更多的員工會變成合夥人。除了共享，這種合夥制讓合夥人又多了一份共擔。

一、業務擴大

業務規模擴大，就需要升級合夥制。業務擴大，就需要進行業務組織結構裂變。公司業務規模擴大，生產效率將會有所提升，經營效益逐步提高。更重要的是，實行合夥制可以培養和引進更多的高階人才。

二、區域擴大

對於規模大、區域分散的企業來說，按地區劃分阿米巴是一種比較普遍的方法。其原則是把某個地區或區域內的業務集中起來，委派一位合夥人來主管。

區域擴大，合夥人範圍也隨之擴大。透過實施合夥制，責任到區域，每一個區域都是一個利潤中心，每一位區域經理都可以變為合夥人，負責該地區的業務盈虧；總部放權到區域，每一個區域有其特殊的市場需求與問題，總部也能夠放手讓區域合夥人處理。

第九章　合夥制的進階與最佳化

區域擴大,企業總部的主要任務就是讓區域合夥人能夠發揮好作用,讓他們承擔組織更快發展的責任。整體上,每一塊區域有一個核心團隊可以成為合夥人,同時形成整個公司的合夥人架構。

三、人數擴大

人數擴大,合夥人規模也擴大。公司提供平臺、資源、資金和產品等要素,核心人才提供技術、才能、勞動付出等要素,透過建構事業共擔和利益共享機制,充分帶動人才積極性,實現核心人才變成合夥人的身分轉換,達到持續推動業績的目的。

▌成果 13　阿米巴未來 3 年策略計畫

	2023 年	2024 年	2025 年	2026 年
產品定位				
發展策略				
經營目標				
團隊建設	創始合夥人	合夥人	核心合夥人團隊	分公司合夥人第二、第三級合夥人

第二節　合夥層次的分級化

搭建起多層次合夥人架構，合夥層次也要晉級化，從而有效激勵合夥人。企業根據自身需求把合夥人細分為專案制合夥人、事業部合夥人、阿米巴合夥人、公司級合夥人等不同級別和多個層次。

一、專案制合夥人

專案孵化。企業整合各類資源，實現公司的平臺化轉型。原有部門逐步實行阿米巴經營模式，每個阿米巴自主經營、獨立核算。公司內部員工根據公司策略規劃具備專案獨立立項要求，提交相關資料稽核通過的，可單獨成立專案，成為專案制合夥人。

專案制合夥人的義務是維護公司利益，遵守公司制度。參與完成公司的專案培訓並透過考核，按照公司專案規劃推展專案營運工作，並對行為和結果負責。按照合夥協議與專案合作分配利益，對所屬專案的立項、推廣、實施以及客戶的利益負責。

二、事業部合夥人

實施合夥制，企業變「專業經理人」制度為「事業合夥人」制度，從根本上解決這兩個問題：一是將專業經理人變

成合夥人,將經營者的角色從上班者轉變為股東;二是從利益共同體到事業合夥人。提高事業合夥人所占股份,增加經營層持股數量,從而捆綁股東與合夥人的利益,激勵經營層提升業績。事業部合夥人,由於身分角色的轉換,得以進一步激發經營管理團隊的主角意識、工作熱情、創造力和創業精神,強化合夥人團隊與股東之間共同進退的關係。

三、阿米巴合夥人

企業透過阿米巴經營模式,把核心人才發展成為執行股東、阿米巴合夥人,即經理人+股東(阿米巴大股東),最大限度發揮人才財富機制。

四、公司級合夥人

公司級合夥人指以其資產(包括有形資產和無形資產)進行合夥投資,參與合夥經營,並依合夥協議享受權利和承擔義務的合夥人。

公司級合夥人被賦予三種重要權利:股權激勵、公司控制權和身分象徵。做到「公司級合夥人」級別的人往往經過嚴格篩選,成為合夥人後將享有分紅、控制公司等權利,「公司級合夥人」又是一種身分的象徵。公司級合夥人需要高度認同企業文化,願意為企業使命、願景和價值觀竭盡全力。

第三節　五個產業鏈的延伸

產業鏈延伸又分橫向延伸和縱向延伸。產業鏈橫向延伸，增加公司對市場價格的控制力，獲得單個領域的絕對優勢。縱向延伸，主要指處於一條價值鏈上的兩個或者多個廠商聯合在一起結成利益共同體，致力於整合產業鏈資源，創造更大的價值。實現產業鏈各個環節資源的深度整合和最佳化，提高企業的整體競爭力。

產業鏈縱向延伸又分上下游拓展和延伸兩類。產業鏈向上游延伸一般是產業鏈進入基礎產業環節和技術研發環節，向下游拓展則進入市場拓展環節。

企業內部實施合夥制獲得明顯效果後，也可以考慮讓合作方也加入進來，將產業鏈上的利益相關方也變成合作夥伴，重構產業生態體系。

一、上游延伸

產業鏈縱向延伸指企業向其上游產業或下游產業的延伸。企業對產業鏈中的上游資源和下游行銷通路等需要進行深度合作和連結，如採用股權激勵、股權投資等形式實現與行業產業鏈的上下游合作，以促進企業的長遠發展。

上游延伸，主要是與上游供應商形成緊密的策略合作和

業務協同關係,實現外部協同。企業透過將上游供應商發展成合夥人,達到多方雙贏的效果。

二、下游延伸

任何企業的發展,都離不開產業鏈的配合及下游經銷商等合作夥伴的大力支持,因此企業要重視價值共享。面對新形勢,透過升級合夥制,每一位經銷商都是合夥人,能夠享受多種合夥人權益,參與價值分享,從而活絡產業鏈上的利益相關方,促進企業生態圈的良性發展,這會讓合作夥伴給予企業更多支持。

三、橫向延伸

橫向延伸是指透過對產業鏈上相同類型企業的約束來提高企業的集中度,擴大市場勢力,從而加強企業對市場價格的控制力,獲得壟斷利潤。

企業在產業鏈延伸的過程中,需要大量的資源支持,可以嘗試調整內部股權結構,實現合夥人持股。

四、無關延伸

企業可以由產業鏈某一環節向其他環節延伸,或由單一產業鏈環節向全產業鏈延伸,或在深耕某一細分行業的基礎

上,向其他細分行業拓展。將產業鏈的利益相關方發展成為其合夥人,能降低企業的成本、提高產品 CP 值。

五、外部整合

外部整合,即將企業打造成平臺,整合產業鏈上下游的資源,跟同行業、客戶合作,透過平臺化運作整合連結產業鏈上下游的小微企業,為它們賦能和提供服務。同時,增加雙方的收益或者降低雙方的交易成本,自身也因此獲利。

企業透過產業鏈外部整合,將平臺與合夥人的利益捆綁,能夠形成競爭優勢和企業護城河。

> 思考:為什麼產業鏈延伸之後,公司就有必要實施合夥制?

第九章　合夥制的進階與最佳化

第四節　合夥制升級為平臺化

把企業做成平臺，企業才能做大。這個平臺包括四個部分：支柱、外觀、背板、天花板。

一、支柱

支柱是平臺的核心資源。公司有資金、技術、品牌等，這些稱為核心資源。核心資源是支撐整個平臺最重要的力量。所以我們做平臺的時候，都是先把核心資源挖掘出來。

二、外觀

在企業平臺的主要結構中，外觀就是共同性質服務。企業可選擇搭建面向現有行業的整合型平臺，透過總部平臺對下屬阿米巴經營單位提供服務，並透過市場化的阿米巴內部交易機制設計，明確集團總部與各業務區塊之間、業務區塊之間、業務區塊內部的利益分配、內部交易機制，以合夥人改造的方式大規模整合、收編行業內企業、團隊，形成眾多扁平化的業務單位。

> 第四節　合夥制升級為平臺化

三、背板

企業平臺結構的背板是理念文化。企業平臺並不是簡單的商業利益疊加，而是需要建設團結、有氣魄、有格局的企業理念文化體系，從使命、價值觀上完成對企業平臺所有主體的融合和統一，從而實現彼此基於平臺的更大商業認同，並彼此維繫。

四、天花板

企業平臺結構的天花板是審計監察。企業在向平臺轉型的過程中，不僅要注重經營效率的提升，而且須注重對風險的管控。

企業平臺為什麼要審計監察？平臺型企業需要的高水準和更為嚴格的內部審計制度，能客觀監督企業發表政策的落實，提供準確的審計資料和報告，進而提升企業經營的效率，提升效益。

■ **操作**

從合夥制升級到平臺化，公司需要做哪些準備工作？請列出清單。

國家圖書館出版品預行編目資料

阿米巴激勵體系！全面剖析稻盛和夫經營哲學：薪酬 × 獎金 × 股權全解析，從哲學理念到管理技術的全面進化 / 胡八一 著. -- 第一版. -- 臺北市 : 沐燁文化事業有限公司, 2025.02
面 ； 公分
POD 版
ISBN 978-626-7628-51-5(平裝)
1.CST: 企業經營 2.CST: 企業管理 3.CST: 激勵制度
494　　　114001226

電子書購買

爽讀 APP

阿米巴激勵體系！全面剖析稻盛和夫經營哲學：薪酬 × 獎金 × 股權全解析，從哲學理念到管理技術的全面進化

臉書

作　　　者：胡八一
發　行　人：黃振庭
出　版　者：沐燁文化事業有限公司
發　行　者：崧燁文化事業有限公司
E - m a i l：sonbookservice@gmail.com
粉　絲　頁：https://www.facebook.com/sonbookss/
網　　　址：https://sonbook.net/
地　　　址：台北市中正區重慶南路一段 61 號 8 樓
8F., No.61, Sec. 1, Chongqing S. Rd., Zhongzheng Dist., Taipei City 100, Taiwan
電　　　話：(02) 2370-3310　傳　真：(02) 2388-1990
印　　　刷：京峯數位服務有限公司
律師顧問：廣華律師事務所 張珮琦律師

-版權聲明

本書版權為中國經濟出版社所有授權沐燁文化事業有限公司獨家發行繁體字版電子書及紙本書。若有其他相關權利及授權需求請與本公司聯繫。

未經書面許可，不得複製、發行。

定　　價：350 元
發行日期：2025 年 02 月第一版
◎本書以 POD 印製